# Formelsammlung

## Mathematik für Sekundarstufe I

erarbeitet von
Hans-Jerg Dorn
Hans Freudigmann
Manfred Herbst
Wolfgang Linz
Achim Olpp
Günther Reinelt
Manfred Schwier
Peter Siebert
Sven Stötzer



Ernst Klett Verlag
Stuttgart · Leipzig

# Inhalt

## Algebra



$(a + b)^2 = a^2 + 2ab + b^2$



$x_{1,2} = -\frac{b}{2} \pm \sqrt{\left(\frac{b}{2}\right)^2 - c}$



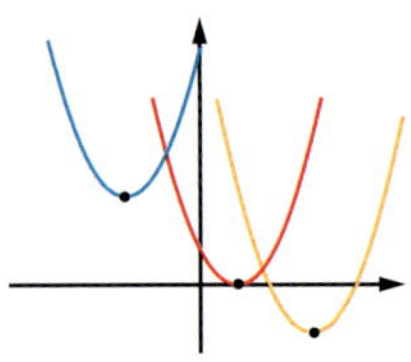

## Geometrie



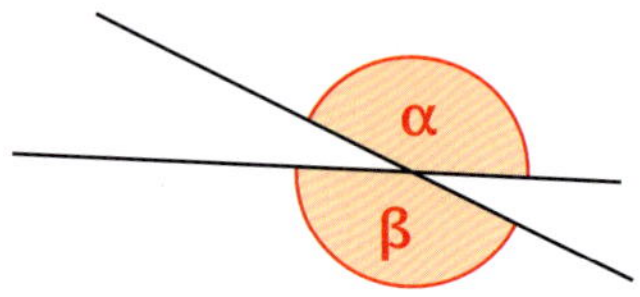




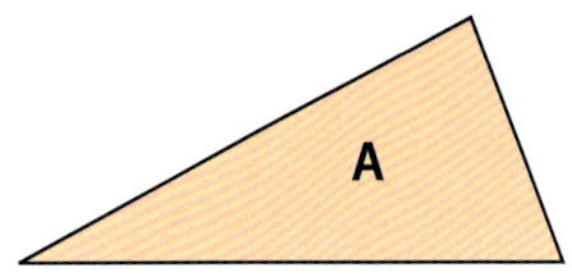




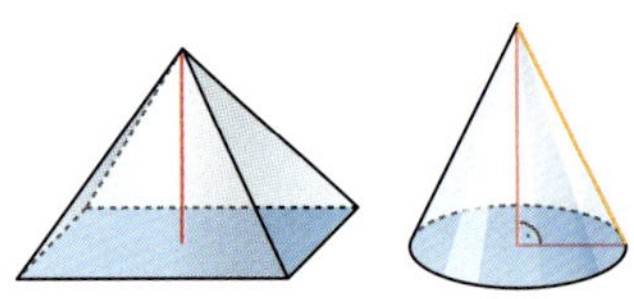

## Trigonometrie



$\sin \alpha = \frac{\text{Gegenkathete}}{\text{Hypotenuse}}$



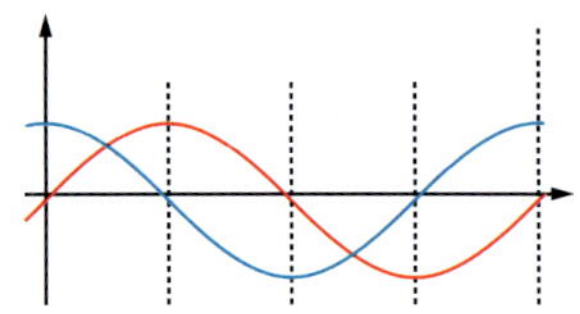

## Sachrechnen



## Stochastik



## Physik

## Bezeichnungen und Symbole

### Mathematische Zeichen und Abkürzungen

|  |  |  |  |
|---|---|---|---|
| $=$ | gleich | sin | Sinus |
| $\neq$ | nicht gleich, ungleich | cos | Kosinus |
| $<$ | kleiner als | tan | Tangens |
| $\leqq$ | kleiner oder gleich | $\lvert a \rvert$ | Betrag von a |
| $>$ | größer als | $\Sigma$ | Summe |
| $\geqq$ | größer oder gleich | $\in$ | Element von |
| $\approx$ | ungefähr gleich, rund, etwa | $\notin$ | nicht Element von |
| $\triangleq$ | entspricht | $\{\,\}$; $\varnothing$ | Leere Menge |
| $\sim$ | proportional, ähnlich (geom.) | $\{x \mid x = \ldots\}$ | Menge aller x, für die gilt: $x = \ldots$ |
| $\cong$ | kongruent, deckungsgleich | D | Definitionsmenge |
| $\parallel$ | zueinander parallel | W | Wertemenge |
| $\perp$ | zueinander senkrecht (orthogonal) | L | Lösungsmenge |
| $\sphericalangle$ | Winkel | $\mathbb{N}$ | Menge der natürlichen Zahlen |
| $\sphericalangle(g, h)$ | Winkel zwischen g und h | $\mathbb{Z}$ | Menge der ganzen Zahlen |
| $\sphericalangle$ ASB | Winkel ASB mit dem Scheitel S | $\mathbb{Q}$ | Menge der rationalen Zahlen |
| ⊾ | rechter Winkel (90°) | $\mathbb{R}$ | Menge der reellen Zahlen |
| $\overline{AB}$ | Strecke mit den Endpunkten A und B | $\infty$ | unendlich |
| AB | Gerade durch die Punkte A und B | | |

### Griechisches Alphabet

| Zeichen | Name | Zeichen | Name |
|---|---|---|---|
| $\alpha$; A | Alpha | $\nu$; N | Ny |
| $\beta$; B | Beta | $\xi$; $\Xi$ | Xi |
| $\gamma$; $\Gamma$ | Gamma | o; O | Omikron |
| $\delta$; $\Delta$ | Delta | $\pi$; $\Pi$ | Pi |
| $\varepsilon$; E | Epsilon | $\varrho$; P | Rho |
| $\zeta$; Z | Zeta | $\sigma$; $\Sigma$ | Sigma |
| $\eta$; H | Eta | $\tau$; T | Tau |
| $\vartheta$; $\Theta$ | Theta | $\upsilon$; Y | Ypsilon |
| $\iota$; I | Jota | $\varphi$; $\Phi$ | Phi |
| $\varkappa$; K | Kappa | $\chi$; X | Chi |
| $\lambda$; $\Lambda$ | Lambda | $\psi$; $\Psi$ | Psi |
| $\mu$; M | My | $\omega$; $\Omega$ | Omega |

### Altgriechische Zahlwörter

| | | | | | | | |
|---|---|---|---|---|---|---|---|
| 1 | Mono | 5 | Penta | 9 | Nona | 15 | Pentadeka |
| 2 | Di | 6 | Hexa | 10 | Deka | 16 | Hexadeka |
| 3 | Tri | 7 | Hepta | 11 | Undeka | 17 | Heptadeka |
| 4 | Tetra | 8 | Okta | 12 | Dodeka | Viele | Poly |

### Römische Zahlzeichen

| I | V | X | L | C | D | M |
|---|---|---|---|---|---|---|
| 1 | 5 | 10 | 50 | 100 | 500 | 1000 |

## Mengen

### Element

| Schreibweise | Sprechweise |
|---|---|
| **a ∈ M** | a ist ein **Element** der Menge M. |
| **b ∉ M** | b ist kein Element der Menge M. |
| **{ } oder ∅** | Leere Menge |

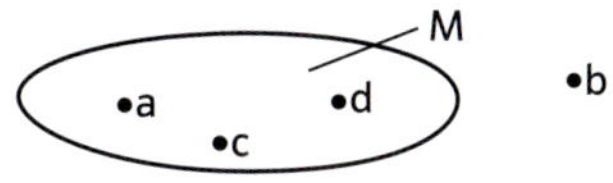


M = {a, c, d}

### Natürliche Zahlen ℕ

ℕ = {0; 1; 2; 3; 4; … } bezeichnet die Menge der natürlichen Zahlen.

### Ganze Zahlen ℤ

ℤ = {…; −4; −3; −2; −1; 0; 1; 2; 3; 4; …} bezeichnet die Menge der ganzen Zahlen.
Die Menge der natürlichen Zahlen ist eine echte Teilmenge der Menge der ganzen Zahlen.

### Rationale Zahlen ℚ (Bruchzahlen)

ℚ bezeichnet die Menge der rationalen Zahlen. Das sind alle Zahlen, die als Brüche dargestellt werden können. Dabei sind Zähler und Nenner immer ganze Zahlen und der Nenner darf nicht 0 sein, da man nicht durch 0 teilen kann. Die rationalen Zahlen lassen sich als abbrechende oder als periodische **Dezimalzahlen** schreiben:

$\frac{13}{100} = 0{,}13$; $\frac{2}{15} = 0{,}1\overline{3}$.

Die ganzen Zahlen sind eine echte Teilmenge der rationalen Zahlen, da sich diese Zahlen als Bruch mit dem Nenner 1 schreiben lassen.

### Irrationale Zahlen

Die irrationalen Zahlen lassen sich nicht als abbrechende oder periodische Dezimalzahlen schreiben.

$\sqrt{2} \approx 1{,}41421\ldots$ $\pi \approx 3{,}14159\ldots$

### Reelle Zahlen ℝ

Die Menge der reellen Zahlen enthält die rationalen Zahlen und die irrationalen Zahlen. Die rationalen Zahlen sind eine echte Teilmenge der reellen Zahlen.

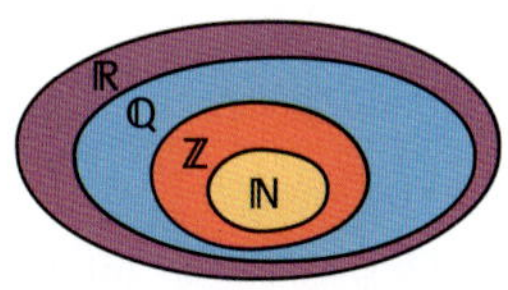


## Zahlengerade

Wenn a < b, dann liegt der Punkt, der der Zahl a entspricht, auf der **Zahlengeraden** links von dem Punkt, der der Zahl b entspricht.

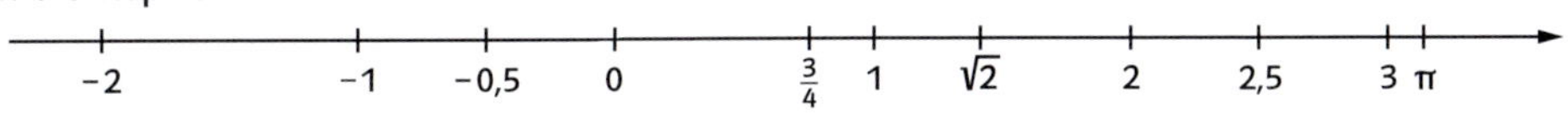


### Gegenzahl

Zu einer Zahl a heißt die Zahl − a Gegenzahl von a. Die Punkte, die der Zahl und Gegenzahl entsprechen, haben auf der Zahlengeraden denselben Abstand von der Null. Die Summe von Zahl und Gegenzahl ist 0: a + (− a) = 0.

### Betrag einer Zahl

Für den Betrag | a | einer reellen Zahl a gilt:

$$|a| = \begin{cases} a, \text{ falls } a > 0 \\ 0, \text{ falls } a = 0 \\ -a, \text{ falls } a < 0 \end{cases}$$

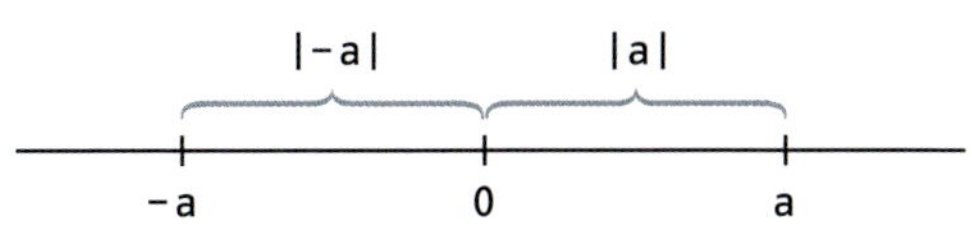


Die Punkte, die Zahlen mit demselben Betrag entsprechen, sind auf der Zahlengeraden gleich weit von der Null entfernt.

# 6 Algebra

## Rechenarten (Bezeichnung und Sprechweisen)

| Rechenart | | Der Term heißt | a heißt | b heißt |
|---|---|---|---|---|
| Addition | $a + b$ | Summe | 1. Summand | 2. Summand |
| Subtraktion | $a - b$ | Differenz | Minuend | Subtrahend |
| Multiplikation | $a \cdot b$ | Produkt | 1. Faktor | 2. Faktor |
| Division | $a : b \quad (b \neq 0)$ | Quotient | Dividend | Divisor |
| Potenzieren | $a^b$ | Potenz | Basis (Grundzahl) | Exponent (Hochzahl) |
| Radizieren | $\sqrt[n]{a} \quad (a \geqq 0)$ | n-te Wurzel | Radikand | Wurzelexponent |

## Rechengesetze

**Kommutativgesetz** (Vertauschungsgesetz)
Addition $a + b = b + a$
Multiplikation $a \cdot b = b \cdot a$

**Assoziativgesetz** (Verbindungsgesetz)
Addition $a + (b + c) = (a + b) + c$
Multiplikation $a \cdot (b \cdot c) = (a \cdot b) \cdot c$

**Distributivgesetz** (Verteilungsgesetz)
Multiplikation $a \cdot (b + c) = a \cdot b + a \cdot c$
Division $(a + b) : c = a : c + b : c$

## Termumformungen

**Ausklammern** (Faktorisieren)
$ab + ac - ad = a(b + c - d)$
$-b + c - d = -(b - c + d)$

**Multiplizieren von Summen**
$(a + b) \cdot (c + d) = ac + ad + bc + bd$

**Ausmultiplizieren**
$a(-b + c - d) = -ab + ac - ad$
$-(-b + c - d) = b - c + d$

**Kehrwert** (multiplikative Gegenzahl)
Zu einer reellen Zahl a mit a ungleich 0 gehört der Kehrwert $\frac{1}{a}$. Das Produkt von Zahl und Kehrwert ist 1.

**Binomische Formeln**
1. binomische Formel: $(a + b)^2 = a^2 + 2ab + b^2$
2. binomische Formel: $(a - b)^2 = a^2 - 2ab + b^2$
3. binomische Formel: $(a - b)(a + b) = a^2 - b^2$

**Binomischer Lehrsatz**
$(a + b)^n$ kann man für $n \geq 1$ mithilfe des Pascal'schen Dreiecks als Summe schreiben:

| | **Pascal'sches Dreieck** | $(a + b)^n$ |
|---|---|---|
| | 1 | |
| n = 1 | 1 1 | $(a + b)^1 = a + b$ |
| n = 2 | 1 2 1 | $(a + b)^2 = a^2 + 2ab + b^2$ |
| n = 3 | 1 3 3 1 | $(a + b)^3 = a^3 + 3a^2b + 3ab^2 + b^3$ |
| n = 4 | 1 4 6 4 1 | $(a + b)^4 = a^4 + 4a^3b + 6a^2b^2 + 4ab^3 + b^4$ |
| . | 1 . . . . . 1 | … = . . . . . . . . . |
| . | . . . . . . . . | usw. |

Jede Zahl der jeweils nächsten Zeile erhält man als Summe der beiden darüber stehenden Zahlen.

## Potenzen

$a^n = \underbrace{a \cdot a \cdot a \cdot \ldots \cdot a}_{n \text{ Faktoren}}$; a heißt **Basis** oder **Grundzahl**, n **Exponent** oder **Hochzahl**.

$a^0 = 1$; $a^{-n} = \frac{1}{a^n}$ $(a \neq 0)$; $\left(\frac{a}{b}\right)^{-n} = \left(\frac{b}{a}\right)^n$ $(a, b \neq 0)$

**Potenzgesetze**

Potenzen mit gleicher Basis

$a^m \cdot a^n = a^{m+n}$

$\frac{a^m}{a^n} = a^{m-n}$ $(a \neq 0)$

Potenzen mit gleichem Exponenten

$a^n \cdot b^n = (a \cdot b)^n$

$\frac{a^n}{b^n} = \left(\frac{a}{b}\right)^n$ $(b \neq 0)$

Potenzieren von Potenzen

$(a^m)^n = a^{m \cdot n}$

## Wurzeln

$\sqrt{a}$ ist diejenige positive Zahl b, für die gilt: $b^2 = a$ $(a > 0)$.

$\sqrt[n]{a}$ ist diejenige positive Zahl b, für die gilt: $b^n = a$ $(n \geqq 2; a > 0)$.

Für $n = 2$ schreibt man statt $\sqrt[2]{a} = \sqrt{a}$.

Es ist $\sqrt[n]{0} = 0$ für $n \geqq 2$.

**Zusammenhang zwischen Wurzeln und Potenzen**

$\sqrt[n]{a} = a^{\frac{1}{n}}$; $\sqrt[n]{a^m} = a^{\frac{m}{n}}$; $\left(\sqrt[n]{a}\right)^m = a^{\frac{m}{n}}$; $\sqrt[n]{a^n} = a$ $(a \geqq 0; n > 0)$

Die Rechenregeln für Potenzen, Wurzeln und Logarithmen gelten auch, wenn die Exponenten Bruchzahlen sind.

**Rechnen mit Wurzeln**

$\sqrt{a} \cdot \sqrt{b} = \sqrt{a \cdot b}$

$\frac{\sqrt{a}}{\sqrt{b}} = \sqrt{\frac{a}{b}}$

$\sqrt[n]{a} \cdot \sqrt[n]{b} = \sqrt[n]{a \cdot b}$ $(a, b \geqq 0)$

$\frac{\sqrt[n]{a}}{\sqrt[n]{b}} = \sqrt[n]{\frac{a}{b}}$ $(a \geqq 0; b > 0)$

teilweise Radizieren (Wurzelziehen)

$\sqrt{a^2 b} = a\sqrt{b}$ $(a, b \geqq 0)$

Nenner rational machen

$\frac{a}{\sqrt{b}} = \frac{a \cdot \sqrt{b}}{\sqrt{b} \cdot \sqrt{b}} = \frac{a \cdot \sqrt{b}}{b}$ $(b > 0)$

## Logarithmen

Die Hochzahl x in der Gleichung $a^x = b$ heißt **Logarithmus von b zur Basis a**. ($a > 0, a \neq 1$)
$\log_2(8) = 3$; weil $2^3 = 8$
Schreibweise: $x = \log_a(b)$ mit $a > 0, a \neq 1$ und $b > 0$.
Damit sind die Gleichungen $a^x = b$ und $x = \log_a(b)$ äquivalent.
Es ist $\log_a(1) = 0$, $\log_a(a) = 1$.
Zusammenhang zwischen Logarithmen und Potenzen: $a^{\log_a(b)} = b = \log_a(a^b)$

**Rechnen mit Logarithmen**
Für $u, v, a, b > 0$ und $a, b \neq 1$ gilt:

$\log_a(u \cdot v) = \log_a(u) + \log_a(v)$

$\log_a\left(\frac{u}{v}\right) = \log_a(u) - \log_a(v)$

$\log_a(u) = \frac{\log_b(u)}{\log_b(a)}$

$\log_a(u^n) = n \cdot \log_a(u)$

$\log_a\left(\sqrt[n]{u}\right) = \frac{1}{n} \cdot \log_a(u)$

## Gleichungen

**Terme**
Terme sind mathematisch sinnvolle Ausdrücke, die aus Zahlen, Rechenzeichen und Variablen bestehen können.

$2x + 5$; $(b - 156)^2$; $z : 32$

Werden für die Variable Zahlen eingesetzt, dann kann jeweils der **Wert des Terms** berechnet werden. Die Menge aller Zahlen, für die es einen Wert des Terms gibt, ist die **Definitionsmenge** des Terms.

Wert von $2x + 5$ für $x = 2$:
$2 \cdot 2 + 5 = 9$

**Vorrangregeln**
- „Klammer hat Vorfahrt"

  $(3 + 6) \cdot 5$
  $= 9 \cdot 5$
- „Potenzieren vor Punktrechnung"

  $2 \cdot 3^2$
  $= 2 \cdot 9$
- „Punktrechnung vor Strichrechnung"

  $2 + 3 \cdot 5$
  $= 2 + 15$

**Gleichungen**
Werden zwei Terme durch ein Gleichheitszeichen verbunden, dann entsteht eine Gleichung.

$T_1$: $3x + 5$; $T_2$: $7 - 2x$
$3x + 5 = 7 - 2x$

**Lösung, Lösungsmenge**
Gleichungen werden über einer Grundmenge G auf Lösbarkeit untersucht. Zahlen aus G, die beim Einsetzen die Gleichung erfüllen (beim Einsetzen in die Gleichung zu einer wahren Aussage führen), heißen Lösungen der Gleichung.

$4x + 5 = 9$; $G = \mathbb{N}$
1 erfüllt die Gleichung (d.h. $4 \cdot 1 + 5 = 9$ ist wahr), also ist die Zahl 1 Lösung der Gleichung:
$x = 1$

Die Menge aller Lösungen einer Gleichung ist deren Lösungsmenge L.

$L = \{1\}$

**Äquivalenz**

Haben Gleichungen dieselbe Lösungsmenge, heißen sie „zueinander äquivalent".
Die Lösungsmenge einer Gleichung bleibt erhalten, wenn man

- auf beiden Seiten denselben Term addiert oder subtrahiert.
- beide Seiten mit demselben Term ≠ 0 multipliziert oder durch ihn dividiert.

$x + 1 = 4 \quad | +1$
und $x + 2 = 5$ sind zueinander äquivalent.

$2x = 8 \quad | :2$
und $x = 4$ sind zueinander äquivalent.

## Ungleichungen

Eine Ungleichung besteht aus zwei Termen, die durch eines der Ungleichheitszeichen $<$ (kleiner), $>$ (größer), $\leqq$ (kleiner gleich), $\geqq$ (größer gleich) verbunden sind.

Die Lösungsmenge einer Ungleichung ändert sich nicht, wenn man beide Seiten mithilfe von Äquivalenzumformungen verändert.

Beachte: Werden beide Seiten mit einer negativen Zahl c multipliziert oder durch eine negative Zahl c dividiert, bleibt die Lösungsmenge nur erhalten, wenn die Richtung des Ungleichheitszeichens umgekehrt wird.

$3x < 5x - 1$
$c < 0 \quad 3x \cdot c > (5x - 1) \cdot c$

## Lineare Gleichungssysteme mit zwei Variablen

Ein lineares Gleichungssystem der Form
$a_1 x + b_1 y = c_1$
$a_2 x + b_2 y = c_2$ (Formvariablen $a_1, a_2, b_1, b_2, c_1, c_2 \in \mathbb{R}$)
lässt sich mithilfe des Einsetzungs-, Additions- oder Gleichsetzungsverfahrens rechnerisch nach den Lösungsvariablen x und y auflösen.
Je nach Wahl der Formvariablen hat das Gleichungssystem keine, genau eine oder unendlich viele Lösungen.

Zur zeichnerischen Lösung werden die beiden Gleichungen im Koordinatensystem dargestellt. Es entstehen Geraden, da die Wertzunahme in y-Richtung immer dasselbe Vielfache der Schrittweite in x-Richtung ist.
Man unterscheidet drei Möglichkeiten:

| Die Geraden schneiden sich in S. | Die Geraden sind zueinander parallel. | Die Geraden sind identisch. |
|---|---|---|
| $L = \{(x_s; y_s)\}$ | $L = \{\}$ | |
| genau eine Lösung | keine Lösung | unendlich viele Lösungen |
| 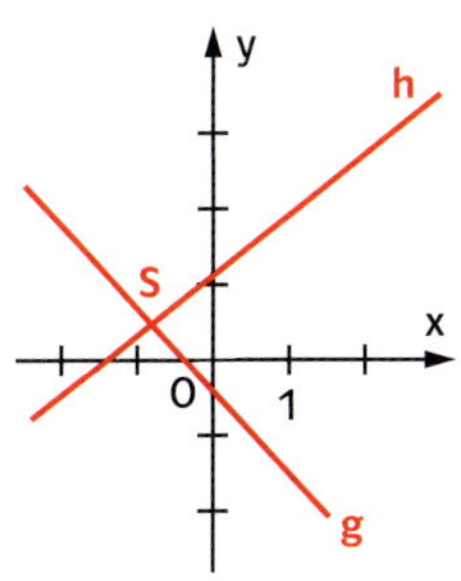  | 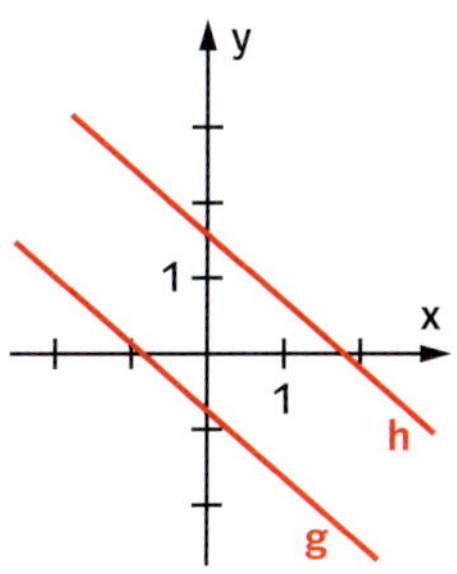  | 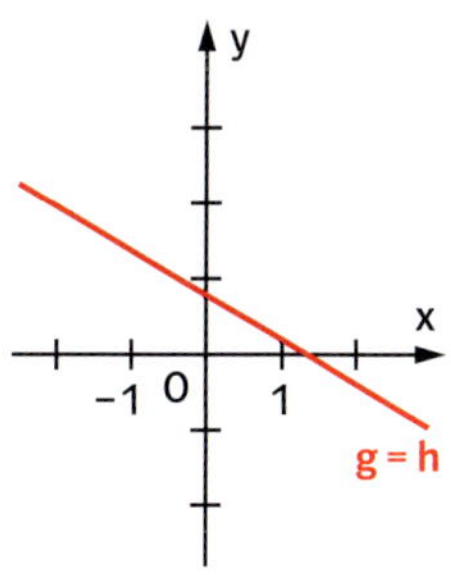  |

## Quadratische Gleichungen

| Allgemeine Form | Normalform |
|---|---|
| Jede quadratische Gleichung kann stets in folgender Form dargestellt werden:<br>$ax^2 + bx + c = 0 \quad (a \neq 0)$<br>Man nennt diese Form **allgemeine Form** einer quadratischen Gleichung. | Für den Fall $a = 1$ liegt die quadratische Gleichung in der **Normalform** vor.<br>$x^2 + bx + c = 0$ |
| **Lösungsformel**: $x_{1,2} = \frac{-b \pm \sqrt{b^2 - 4ac}}{2a}$ | **Lösungsformel**: $x_{1,2} = -\frac{b}{2} \pm \sqrt{\left(\frac{b}{2}\right)^2 - c}$ |
| Die Anzahl der Lösungen hängt ab von der **Diskriminante** D mit<br>$D = b^2 - 4ac.$ | Die Anzahl der Lösungen hängt ab von der **Diskriminante** D mit<br>$D = \frac{b^2}{4} - c.$ |
| Die Gleichung hat für<br>$D = 0$ genau eine Lösung $\left(x_1 = x_2 = -\frac{b}{2a}\right)$;<br>$D > 0$ zwei Lösungen;<br>$D < 0$ keine Lösung. | Die Gleichung hat für<br>$D = 0$ genau eine Lösung $\left(x_1 = x_2 = -\frac{b}{2}\right)$;<br>$D > 0$ zwei Lösungen;<br>$D < 0$ keine Lösung. |

### Satz von Vieta

Für die Lösungen $x_1$ und $x_2$ einer quadratischen Gleichung gilt der **Satz von Vieta:**

$x_1 + x_2 = -\frac{b}{a}$ und $x_1 \cdot x_2 = \frac{c}{a}$

$x_1 + x_2 = -b$ und $x_1 \cdot x_2 = c$

Mit den Lösungen ist eine Zerlegung in **Linearfaktoren** möglich:

$ax^2 + bx + c = 0 \Leftrightarrow a(x - x_1)(x - x_2) = 0$

$x^2 + bx + c = 0 \Leftrightarrow (x - x_1)(x - x_2) = 0$

## Bruchgleichungen

Gleichungen mit einer Lösungsvariablen im Nenner eines Bruchs heißen Bruchgleichungen.
Definitionsmenge: Nenner $\neq 0$
Lösung durch Multiplikation mit dem Hauptnenner, Äquivalenzumformungen und anschließende Prüfung der Ergebnisse.

$$\frac{1}{x-1} + \frac{2}{x+1} = 1 \qquad | \cdot (x-1)(x+1)$$
$$1 \cdot (x+1) + 2 \cdot (x-1) = (x-1)(x+1)$$
$$x^2 - 3x = 0$$

$x_1 = 0$; $x_2 = 3$ erfüllen die Bruchgleichung.

## Funktionen und ihre Graphen

Eine Funktion f ist eine Rechenvorschrift, die der Zahl x jeweils eine Zahl y zuordnet.

Schreibweise: $y = f(x)$.
In einer Wertetabelle können x-Werte und zugehörige Funktionswerte y dargestellt werden.

$y = f(x) = 2x + 1$

| x | −1 | 0 | 1 | 2 | … |
|---|---|---|---|---|---|
| y = f(x) | −1 | 1 | 3 | 5 | … |

Zu jedem Wertepaar (x; y) mit $y = f(x)$ kann ein Punkt $P(x \mid y)$ in ein ebenes Koordinatensystem eingetragen werden (Graph von f). x und y heißen dann Koordinaten des jeweiligen Punktes P.

Der Graph von $y = x$ heißt 1. Winkelhalbierende, der Graph von $y = -x$ heißt 2. Winkelhalbierende.

Die Koordinatenachsen teilen die Ebene in vier Quadranten.

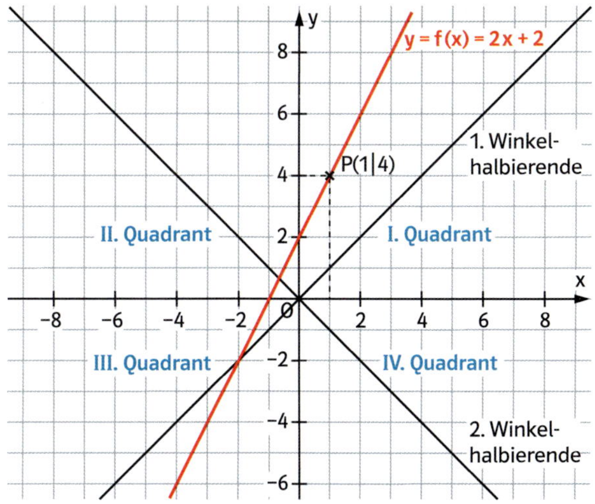


## Lineare Funktion, Gerade

### Hauptform

Funktionsgleichung: $y = mx + c$ oder $f(x) = mx + c$

m **Steigung** der Geraden

c **y-Achsenabschnitt**

$x_0$ **Nullstelle**

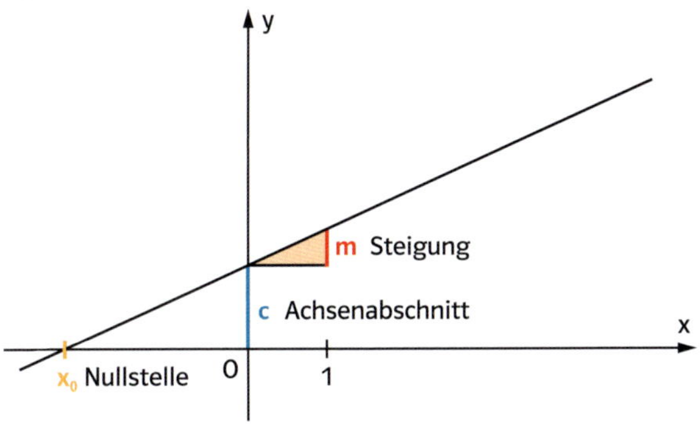


### Punkt-Steigungs-Form

$$m = \frac{y - y_1}{x - x_1}$$

$$y = m(x - x_1) + y_1$$

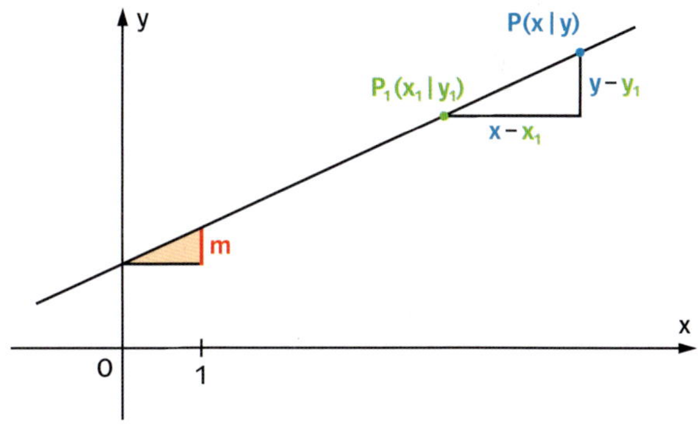


### Zwei-Punkte-Form

$$\frac{y - y_1}{x - x_1} = \frac{y_2 - y_1}{x_2 - x_1}$$

$$m = \tan\alpha = \frac{y_2 - y_1}{x_2 - x_1}$$

### Berechnung im Koordinatensystem

Länge einer Strecke:

$$\overline{P_1P_2} = \sqrt{(x_2 - x_1)^2 + (y_2 - y_1)^2}$$

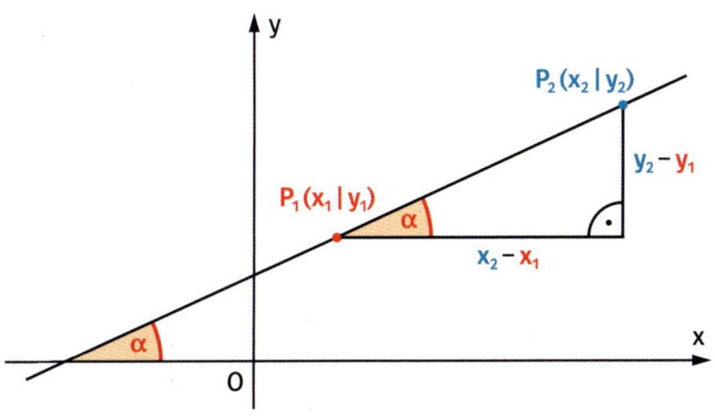


### Lage von Geraden

Für parallele Geraden gilt: $m_1 = m_2$

Für zueinander senkrechte Geraden gilt: $m_1 \cdot m_3 = -1$

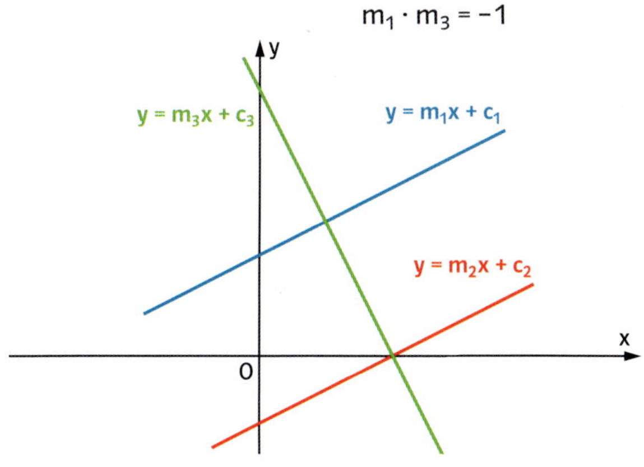

## Quadratische Funktion, Parabel

**Normalparabel**
Funktionsgleichung: $y = x^2$

**Scheitelpunkt**: $S(0|0)$

Die Normalparabel ist achsensymmetrisch zur y-Achse.

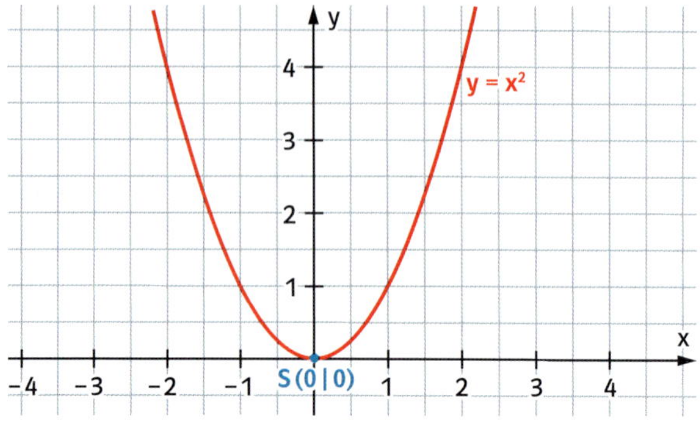


**Verschobene Normalparabeln**
Die Funktionsgleichungen der verschobenen Normalparabeln können in zwei Formen angegeben werden:
**Scheitelform: $y = (x - d)^2 + e$**
Scheitelpunkt: $S(d|e)$
**Normalform: $y = x^2 + bx + c$**

Nullstellen: zwei, eine oder keine Nullstelle

Durch Umwandlung der Normalform in die Scheitelform erhält man $y = \left(x + \frac{b}{2}\right)^2 + \left(c - \frac{b^2}{4}\right)$.

Scheitelpunkt: $S\left(-\frac{b}{2} \middle| c - \frac{b^2}{4}\right)$

Verschobene Normalparabeln sind achsensymmetrisch zur Senkrechten durch S.

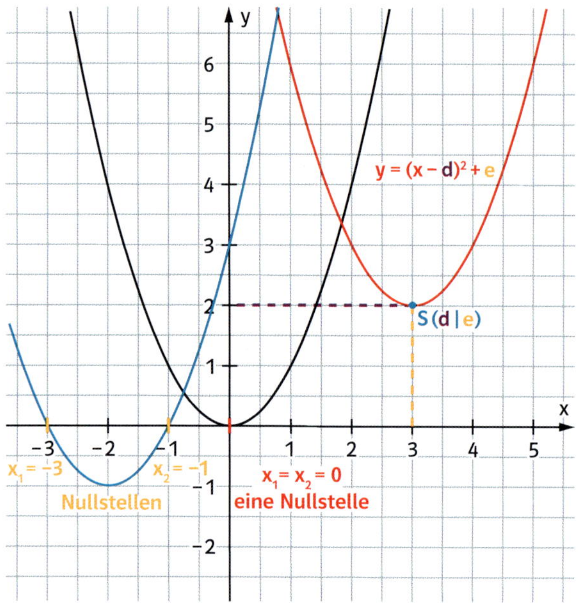


**Schmale und breite Parabeln**
Funktionsgleichung:
$y = ax^2$
Scheitelpunkt: $S(0|0)$

a bestimmt die Öffnung der Parabel.

$a > 0$: nach oben offen
$a < 0$: nach unten offen
$a > 1$ und $a < -1$: schmaler als Normalparabel
$0 < a < 1$ und $-1 < a < 0$: breiter als Normalparabel

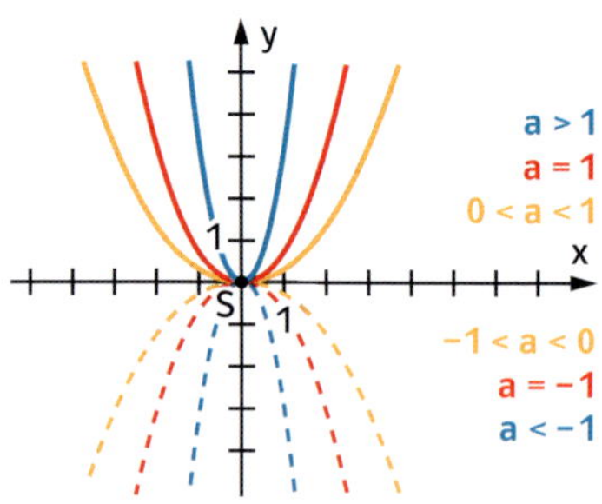

## Potenzfunktion, Parabel und Hyperbel

Funktionsgleichung: $\mathbf{y = x^n}$ ($n \in \mathbb{N}$, $n > 1$)
Definitionsmenge: $\mathbb{R}$
Wertemenge: $\mathbb{R}_0^+$, wenn n gerade ist
$\mathbb{R}$, wenn n ungerade ist
Graphen: **Parabeln n-ten Grades**
Nullstellen: $x_0 = 0$
Symmetrie: Der Graph ist achsensymmetrisch zur y-Achse, wenn n gerade ist; punktsymmetrisch zum Ursprung, wenn n ungerade ist.

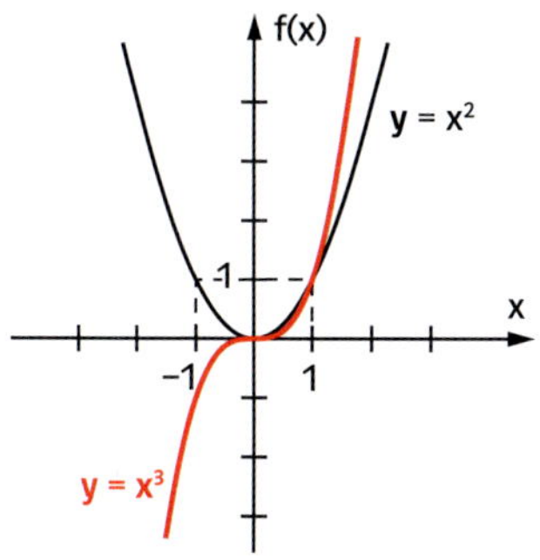


---

Funktionsgleichung: $\mathbf{y = x^{-n} = \frac{1}{x^n}}$ ($n \in \mathbb{N}$, $n > 1$)
Definitionsmenge: $\mathbb{R} \setminus \{0\}$
Wertemenge: $\mathbb{R}^+$, wenn n gerade ist
$\mathbb{R} \setminus \{0\}$, wenn n ungerade ist
Graphen: **Hyperbeln**
Nullstellen: keine
Symmetrie: Der Graph ist achsensymmetrisch zur y-Achse, wenn n gerade ist; punktsymmetrisch zum Ursprung, wenn n ungerade ist.
Asymptoten:
- Wenn der x-Wert immer größer wird, nähern sich die y-Werte dem Wert Null. Für beliebig große Werte für x wird y also beliebig klein.
- Wenn der x-Wert immer kleiner wird (nahe Null), werden die y-Werte immer größer. Für beliebig kleine Werte für x wird y also beliebig groß.

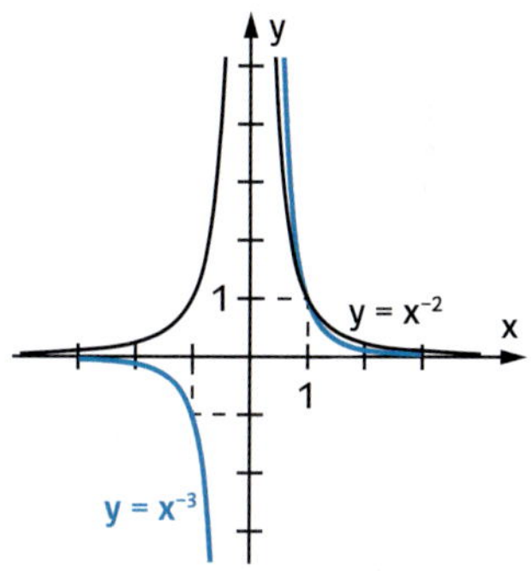


## Wurzelfunktion

Funktionsgleichung: $\mathbf{y = \sqrt[n]{x} = x^{\frac{1}{n}}}$ ($n \in \mathbb{N}$, $n \geqq 2$)
Definitionsmenge: $\mathbb{R}_0^+$
Wertemenge: $\mathbb{R}_0^+$
Graphen: **Wurzel n-ten Grades**
Nullstellen: (0 | 0)
Besonderheiten: (1 | 1) liegt auf dem Graphen für jedes n.
$y = x^{\frac{1}{n}}$ entsteht aus $y = x^n$ durch Vertauschen von x und y (Umkehrfunktion), der Graph durch Spiegelung an der 1. Winkelhalbierenden.

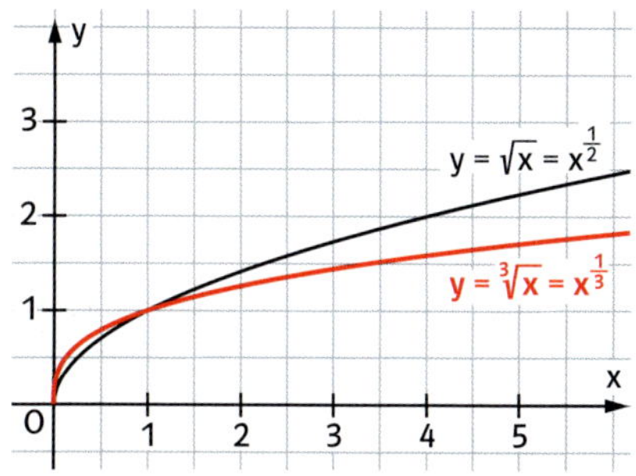

## Winkel

Ein Winkel ist festgelegt durch zwei Schenkel und einen Scheitel S oder durch drei Punkte.
$\sphericalangle(g, h) = \sphericalangle ASB = \alpha$

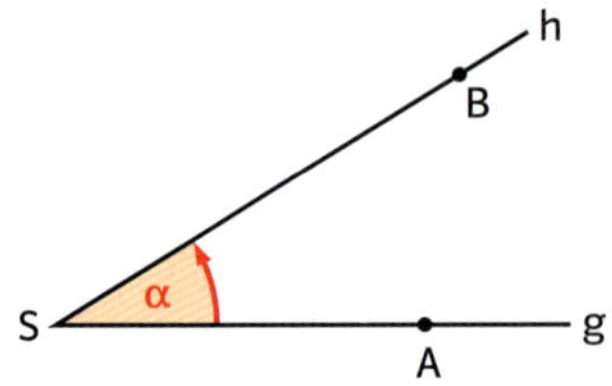


### Winkelgrößen

Winkelgrößen werden im Gradmaß angegeben.
$1° = 60$ Minuten $(= 60')$; 1 Minute = 60 Sekunden $(= 60'')$

**Spitzer Winkel**

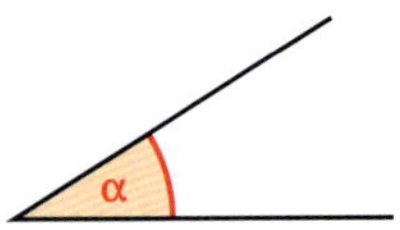


$0° < \alpha < 90°$

**Rechter Winkel**

$\alpha = 90°$

**Stumpfer Winkel**

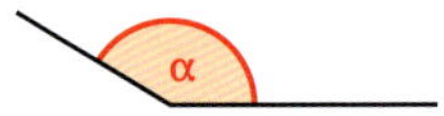


$90° < \alpha < 180°$

**Überstumpfer Winkel**

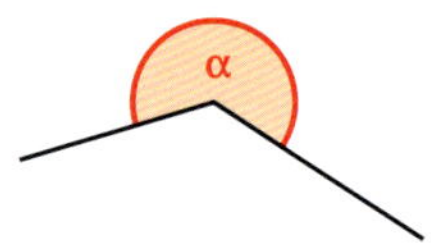


$180° < \alpha < 360°$

Ein **gestreckter Winkel** entspricht 180°; ein **Vollwinkel** entspricht 360°.

### Winkel an sich schneidenden Geraden

**Scheitelwinkel**
sind gleich groß:
$\alpha = \beta$

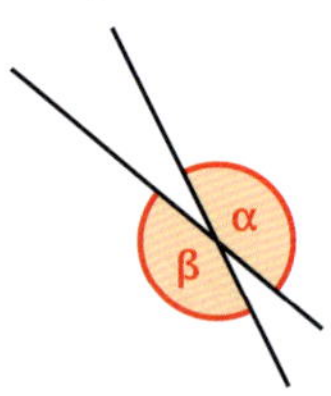


**Nebenwinkel**
ergeben zusammen 180°:
$\alpha + \beta = 180°$

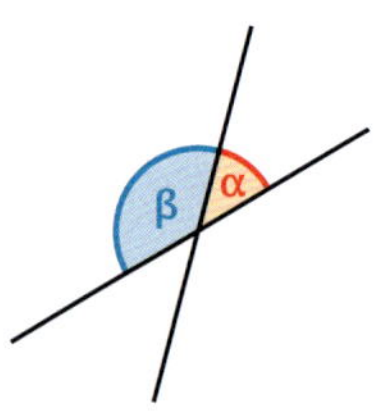


**Stufenwinkel**
$\alpha = \beta$ und $\gamma = \delta$

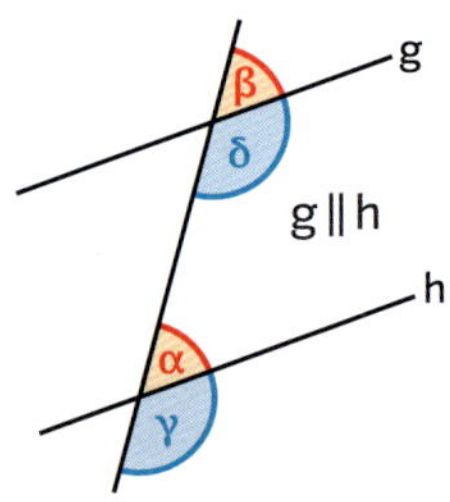


**Wechselwinkel**
$\alpha = \beta$ und $\gamma = \delta$

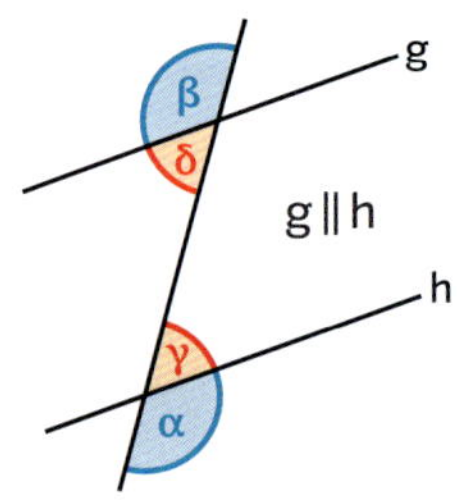


### Satz des Thales

Liegt der Punkt C eines Dreiecks ABC auf dem Halbkreis über der Strecke $\overline{AB}$, dann ist der Winkel bei C ein rechter Winkel.

Umkehrung: Hat ein Dreieck bei C einen rechten Winkel, dann liegt der Punkt C auf dem Halbkreis über der Strecke $\overline{AB}$.

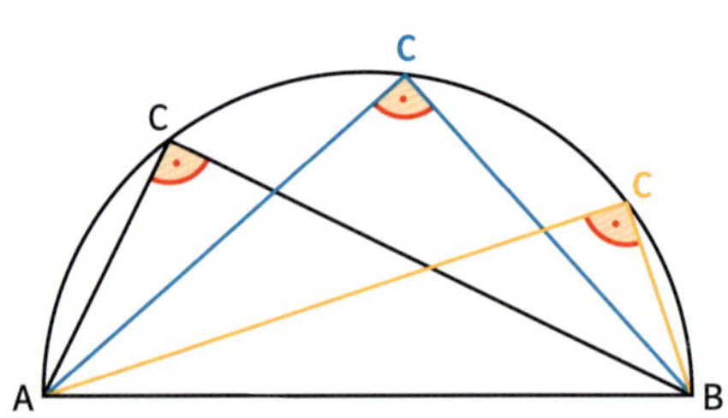


### Satz vom Umfangswinkel

Alle Umfangswinkel β über derselben Sehne

sind gleich groß und es gilt: $\beta = \frac{\alpha}{2}$.

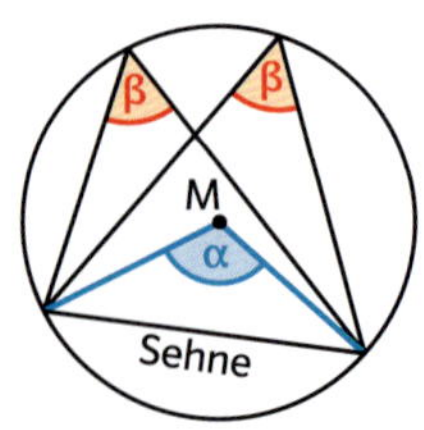


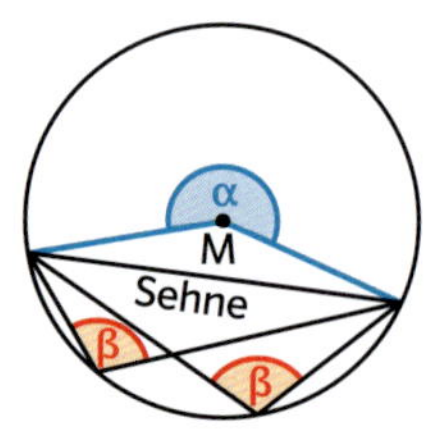

## Kongruenzsätze für Dreiecke

Zwei Dreiecke sind **kongruent (deckungsgleich)**, wenn eine der vier Bedingungen erfüllt ist:

| **Kongruenzsatz SSS** | **Kongruenzsatz SWS** | **Kongruenzsatz SsW** | **Kongruenzsatz WSW oder WWS** |
|---|---|---|---|
| Die Dreiecke stimmen in drei entsprechenden Seiten überein. | Die Dreiecke stimmen in zwei entsprechenden Seiten überein und die von diesen Seiten jeweils eingeschlossenen Winkel sind gleich groß. | Die Dreiecke stimmen in zwei entsprechenden Seiten überein und die Gegenwinkel der längeren Seite sind gleich groß. | Die Dreiecke stimmen in einer Seite und zwei entsprechend gleichliegenden Winkeln überein. |
| 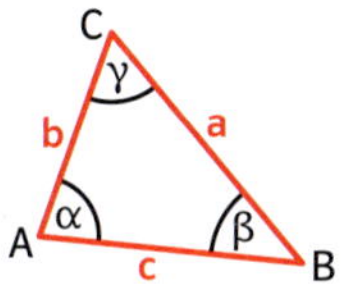 | 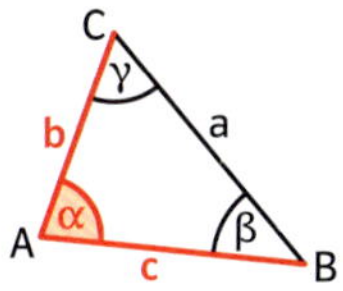 | 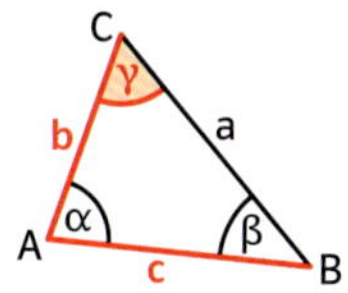 | 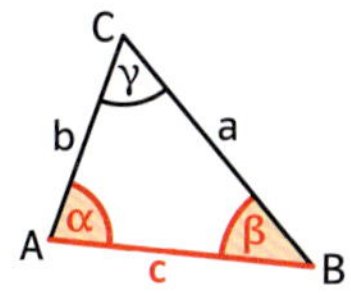 |

## Ähnlichkeit und zentrische Streckung

Eine zentrische Streckung ist durch ein **Streckzentrum Z** und den **Streckfaktor k** = $\frac{m}{n}$ festgelegt.
Sie bildet Geraden auf Geraden ab; Winkelgrößen, Parallelität und Teilungsverhältnisse bleiben erhalten.

ähnliche Strecken $a_2 = k \cdot a_1$; $b_2 = k \cdot b_1$

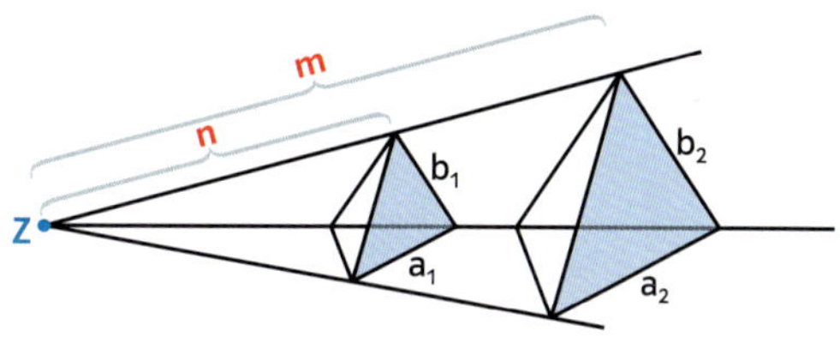


## Strahlensätze

Die Strahlensätze gelten nur in einer Strahlensatzfigur. Diese besteht aus zwei sich schneidenden Geraden g und h und aus einem Parallelenpaar, das g und h schneidet.

| **Erster Strahlensatz** | **Zweiter Strahlensatz** |
|---|---|
| Entsprechende Längen auf g verhalten sich wie entsprechende Längen auf h. | Entsprechende Längen auf g bzw. h verhalten sich wie entsprechende Parallelenabschnitte. |
| $\frac{a+b}{b} = \frac{c+d}{d}$ <br> $\frac{a}{b} = \frac{c}{d}$ <br> 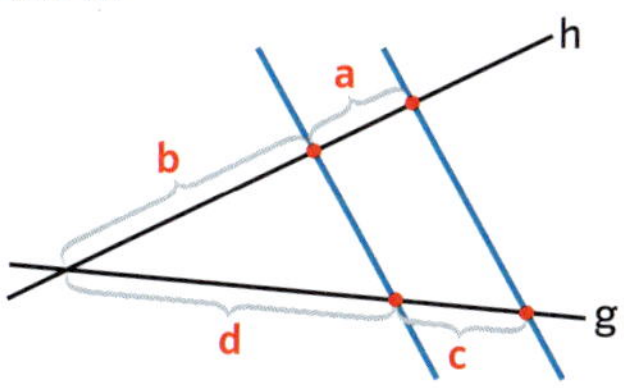 | $\frac{a+b}{c} = \frac{b}{d}$ <br> $\frac{c}{d} = \frac{a+b}{b}$ <br> 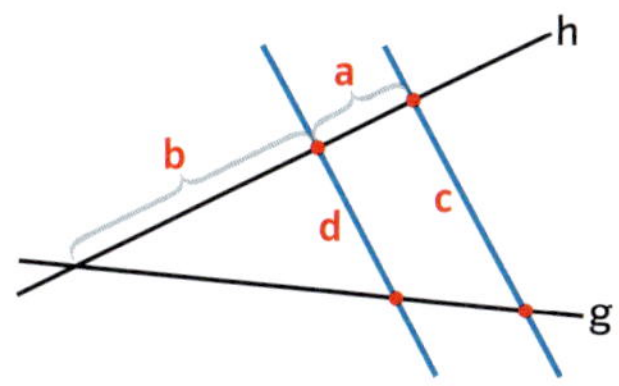 |
| $\frac{a}{d} = \frac{c}{b}$ <br> 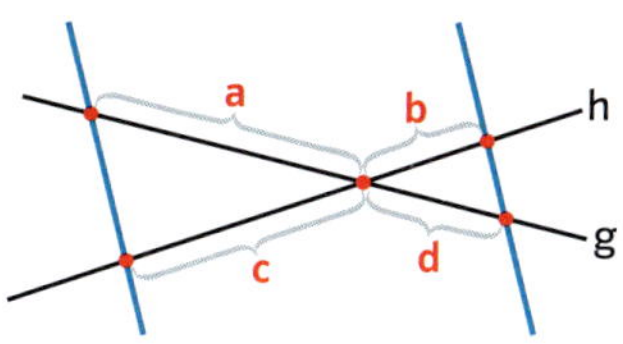 | $\frac{a}{b} = \frac{c}{d}$ <br> $\frac{a}{c} = \frac{b}{d}$ <br> 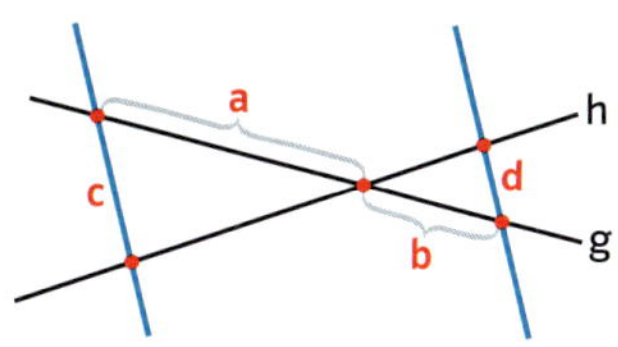 |

## Dreiecke

**Winkelsumme**
$\alpha + \beta + \gamma = 180°$

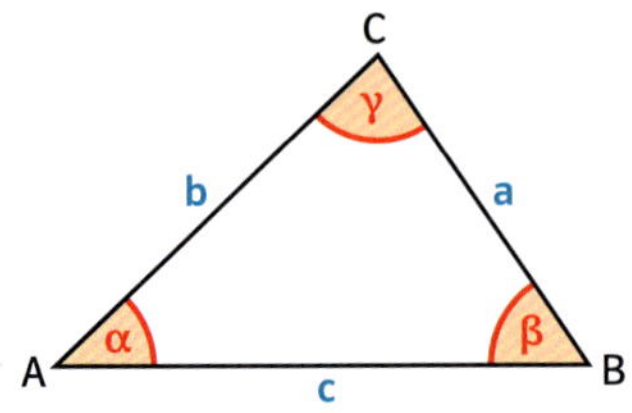


**Besondere Linien und Punkte**

**Mittelsenkrechte und Umkreis**
Die drei Mittelsenkrechten schneiden sich in einem Punkt, dem Umkreismittelpunkt U.
U ist von allen drei Ecken gleich weit entfernt.

r ist der Umkreisradius.

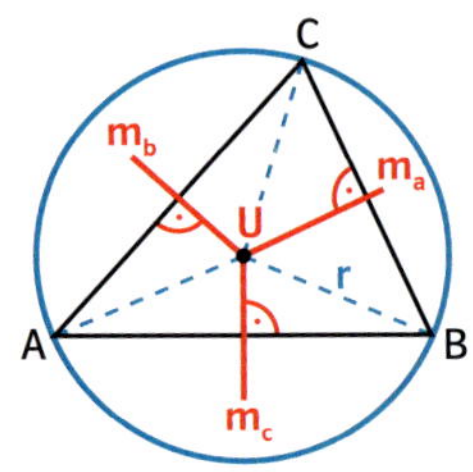


**Winkelhalbierende und Inkreis**
Die drei Winkelhalbierenden schneiden sich in einem Punkt, dem Inkreismittelpunkt I.
Der **Inkreis** berührt alle drei Seiten.

ϱ ist der Inkreisradius.

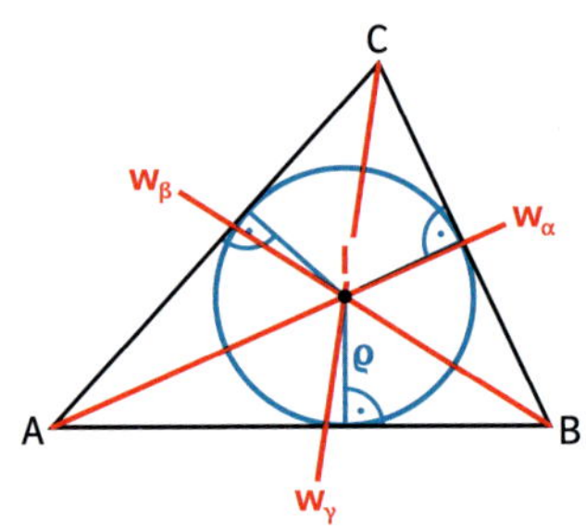


**Seitenhalbierende und Schwerpunkt**
Die drei Seitenhalbierenden schneiden sich in einem Punkt, dem Schwerpunkt S.

Der Schwerpunkt teilt jede Seitenhalbierende im Verhältnis 2 : 1

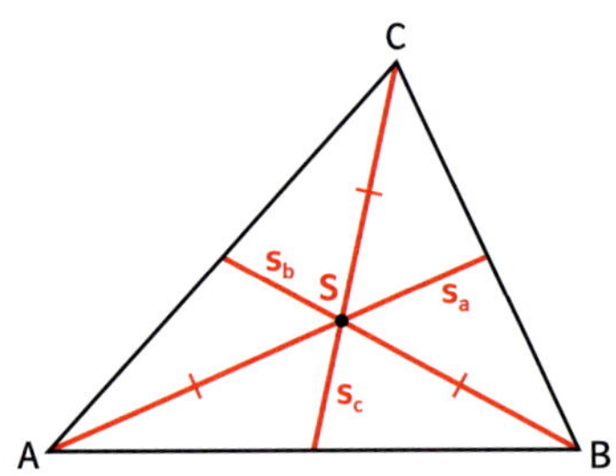


**Höhen und Höhenschnittpunkt**
Die drei Höhen schneiden sich in einem Punkt, dem Höhenschnittpunkt H.

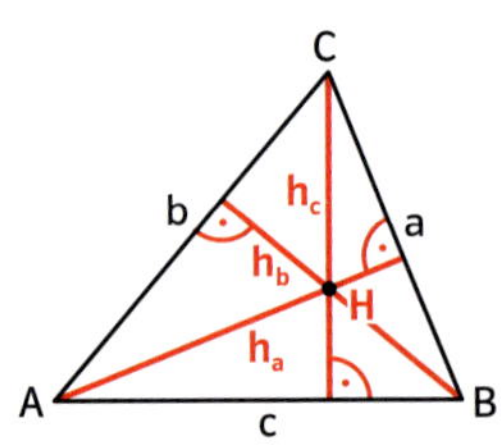

**Allgemeines Dreieck**

Flächeninhalt

$A = \frac{1}{2} \cdot g \cdot h$ (Grundseite g; Höhe h zur Grundseite g)

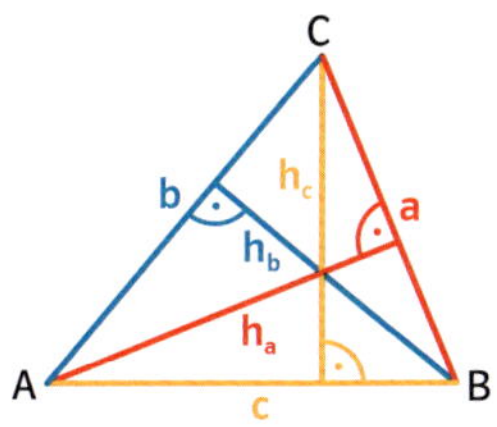


$A = \frac{1}{2} \cdot a \cdot h_a$ oder

$A = \frac{1}{2} \cdot b \cdot h_b$ oder

$A = \frac{1}{2} \cdot c \cdot h_c$

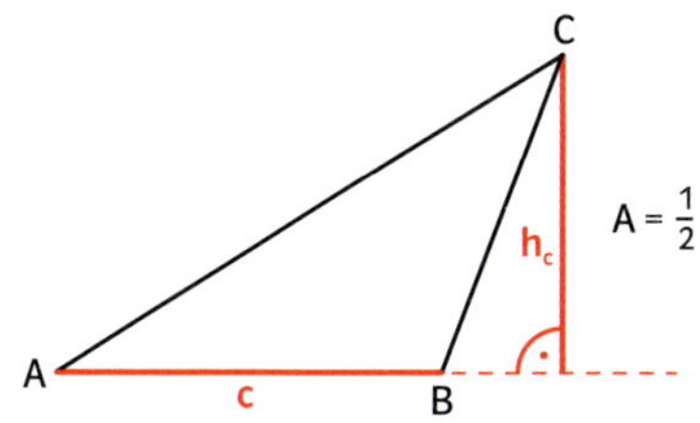


$A = \frac{1}{2} \cdot c \cdot h_c$

**Gleichschenkliges Dreieck**

Zwei Seiten (die **Schenkel**) sind gleich lang: $a = b$

Die dritte Seite heißt **Basis**.

Die **Basiswinkel** sind gleich: $\alpha = \beta$

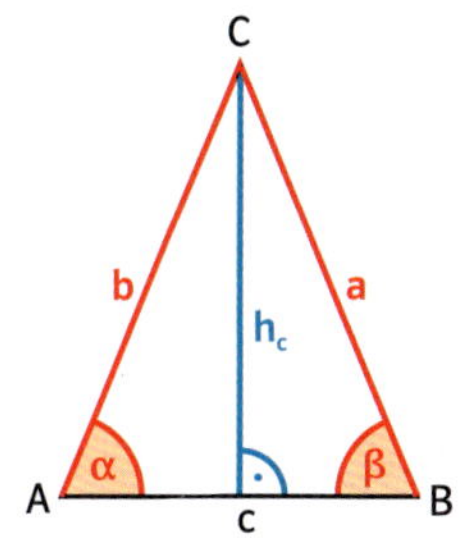


**Gleichseitiges Dreieck**

Alle Seiten sind gleich lang: $a = b = c$

Alle Winkel sind gleich groß: $\alpha = \beta = \gamma = 60°$

Alle Höhen sind gleich lang: $h = \frac{a}{2}\sqrt{3}$

Für den Flächeninhalt gilt: $A = \frac{a^2}{4}\sqrt{3}$

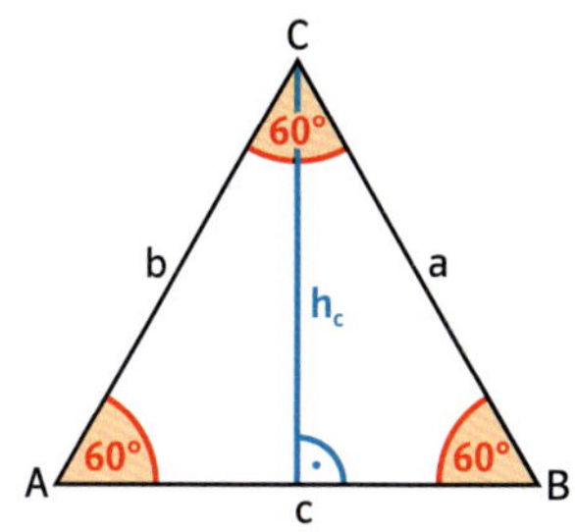


**Rechtwinkliges Dreieck**

Die dem rechten Winkel (90°) gegenüberliegende Seite heißt **Hypotenuse**.

Die beiden anderen Seiten heißen **Katheten**.

Ist $\gamma = 90°$, dann gilt für den Flächeninhalt

$A = \frac{1}{2} \cdot a \cdot b$ oder auch $A = \frac{1}{2} \cdot c \cdot h_c$.

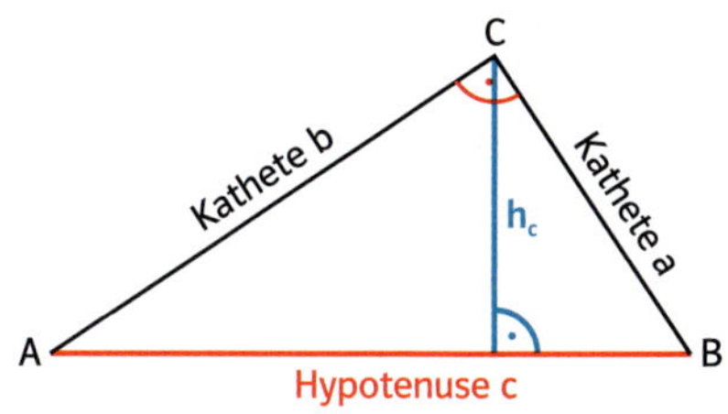


**Satz des Pythagoras**

Im rechtwinkligen Dreieck haben die beiden Quadrate über den Katheten zusammen den gleichen Flächeninhalt wie das Quadrat über der Hypotenuse: $a^2 + b^2 = c^2$.

**Umkehrung**

Gilt bei einem Dreieck $a^2 + b^2 = c^2$, dann ist das Dreieck rechtwinklig.

**Höhensatz**

Ist ein Dreieck rechtwinklig mit $\gamma = 90°$, dann gilt: $h^2 = p \cdot q$.

**Kathetensatz**

Ist ein Dreieck rechtwinklig mit $\gamma = 90°$, dann gilt: $a^2 = c \cdot p$ und $b^2 = c \cdot q$.

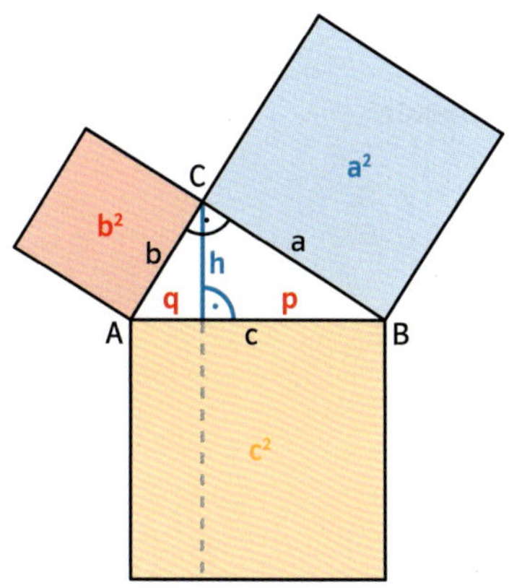

## Vierecke

**Winkelsumme**

$\alpha + \beta + \gamma + \delta = 360°$

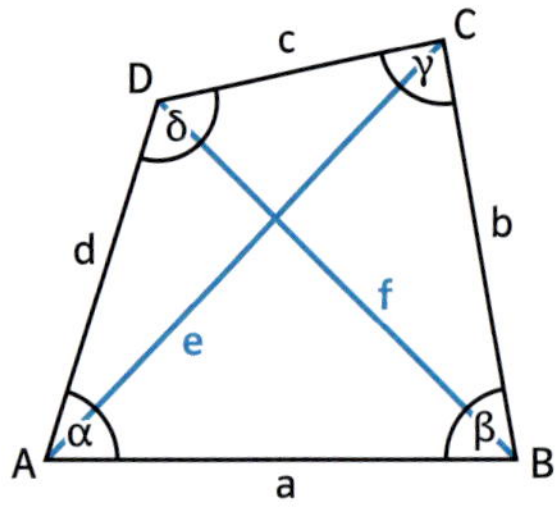


| **Quadrat** | **Rechteck** | **Raute** (Rhombus) |
|---|---|---|
| 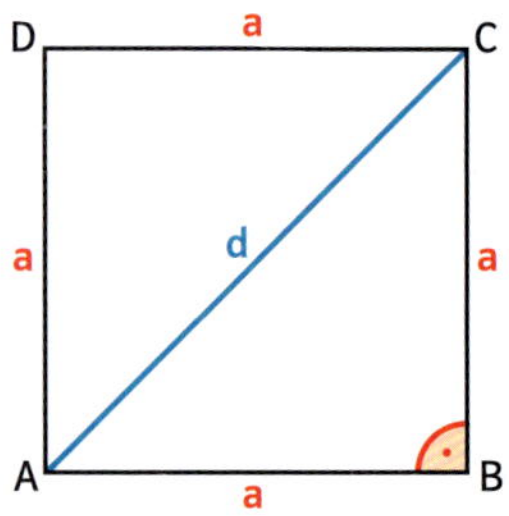 | 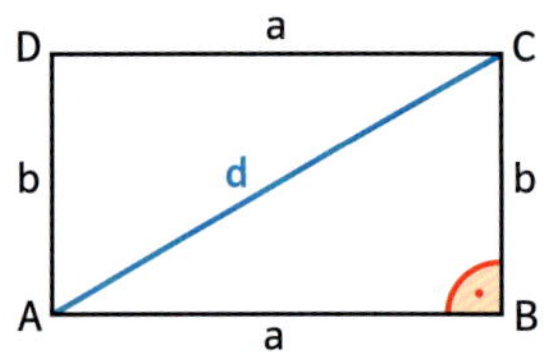 | 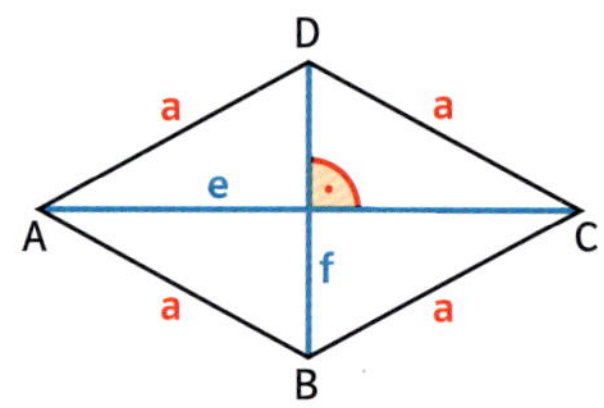 |
| **Flächeninhalt** | | |
| $A = a^2$ | $A = a \cdot b$ | $A = \frac{1}{2} \cdot e \cdot f$ |
| **Umfang** | | |
| $u = 4a$ | $u = 2(a + b)$ | $u = 4a$ |
| **Diagonale** | | |
| $d = a\sqrt{2}$ | – | – |

| **Parallelogramm** | **Drachenviereck** | **Trapez** |
|---|---|---|
| 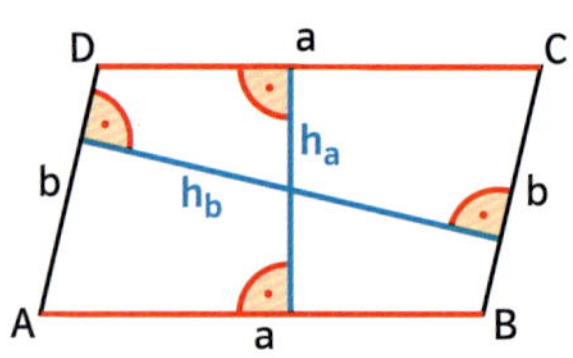 | 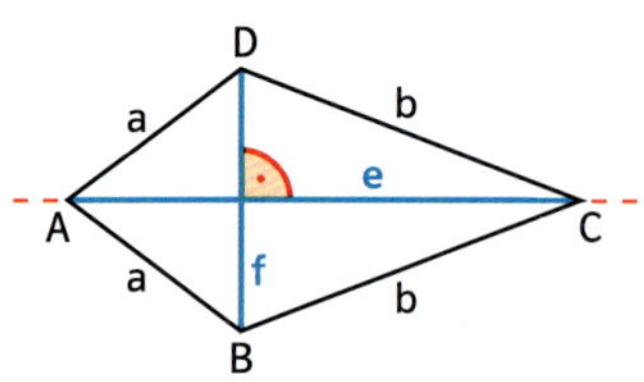 | 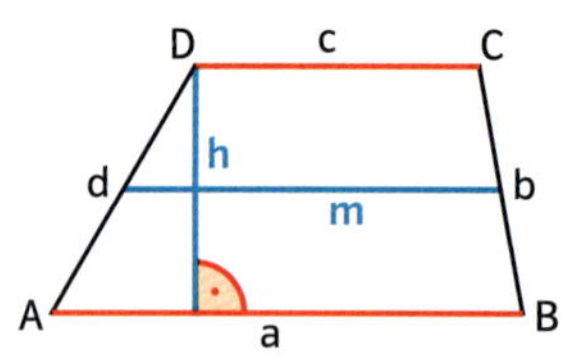 |
| **Flächeninhalt** | | |
| $A = a \cdot h_a = b \cdot h_b$ | $A = \frac{1}{2} \cdot e \cdot f$ | $A = \frac{1}{2} \cdot (a + c) \cdot h$ oder $A = m \cdot h$ |
| **Umfang** | | |
| $u = 2(a + b)$ | $u = 2(a + b)$ | $u = a + b + c + d$ |
| | | Für das gleichschenklige (symmetrische) Trapez gilt $b = d$. |

## Kreis und Kreisteile

Der **Kreisdurchmesser d** ist doppelt so lang wie der **Kreisradius r**: $d = 2r$.
Eine **Sehne** verbindet zwei Punkte der Kreislinie.
Eine **Tangente** berührt die Kreislinie und steht senkrecht auf dem Berührradius.
Eine **Sekante** schneidet die Kreislinie in zwei Punkten.

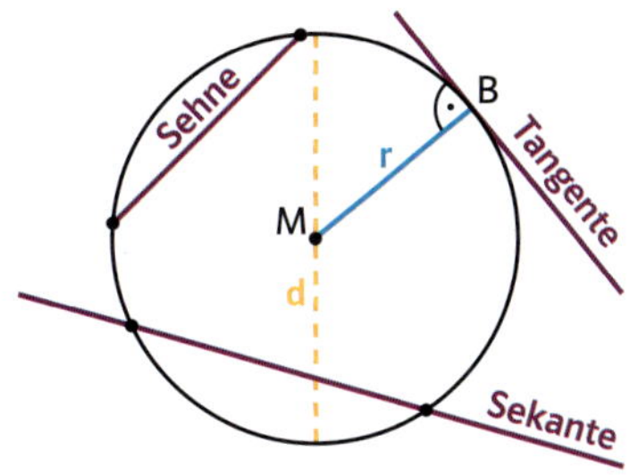


| **Kreis** | **Kreisring** | **Kreisausschnitt** (Sektor) **und Kreisbogen** | **Kreisabschnitt** (Segment) |
|---|---|---|---|
| 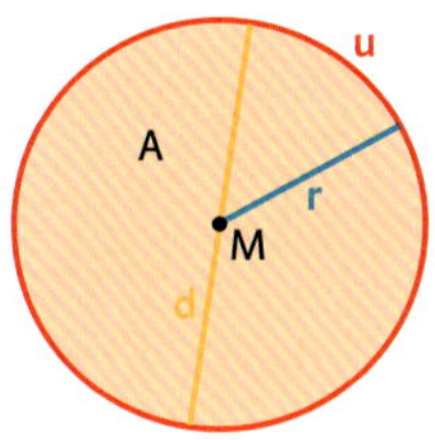 | 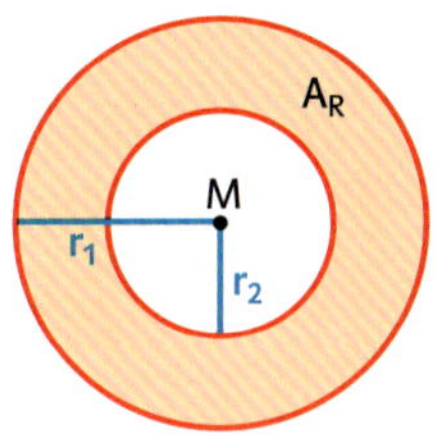 | 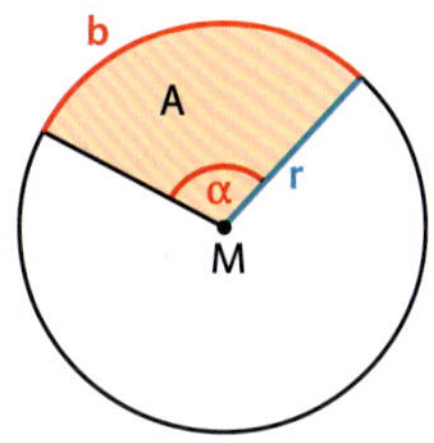 | 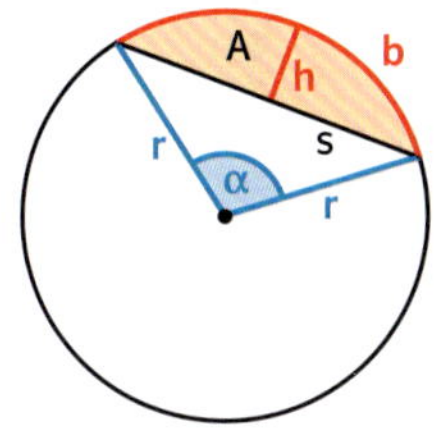 |
| **Flächeninhalt** | | | |
| $A = \pi \cdot r^2$;<br>$A = \frac{\pi}{4} \cdot d^2$ | $A_R = \pi \cdot r_1^2 - \pi \cdot r_2^2$<br>$A_R = \pi \cdot (r_1^2 - r_2^2)$ | $A = \pi \cdot r^2 \cdot \frac{\alpha}{360°}$;<br>$A = \frac{b \cdot r}{2}$ | $A = \frac{r^2}{2} \cdot \left(\pi \cdot \frac{\alpha}{180°} - \sin\alpha\right)$ |
| **Umfang** | | **Kreisbogen** | **Kreissehne** |
| $u = 2 \cdot \pi \cdot r$; $u = \pi \cdot d$ | – | $b = 2 \cdot \pi \cdot r \cdot \frac{\alpha}{360°}$ | $s = 2r \cdot \sin\frac{\alpha}{2} = 2\sqrt{2hr - h^2}$ |

## Vielecke

**Winkelsumme** im n-Eck: $(n - 2) \cdot 180°$

### Regelmäßiges Sechseck

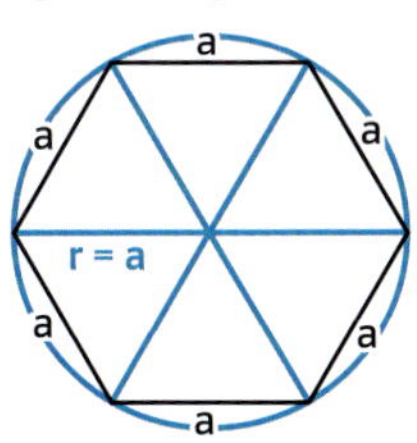


$A = \frac{3}{2} \cdot a^2 \cdot \sqrt{3}$

$u = 6 \cdot a$

### Regelmäßiges Vieleck (n-Eck)

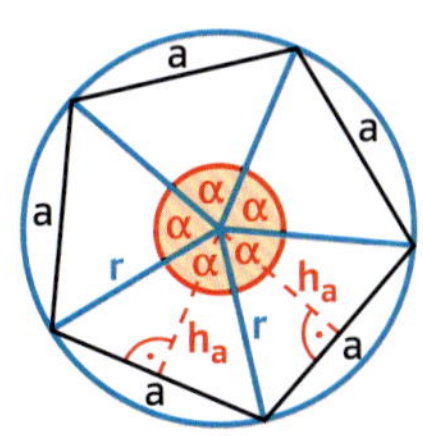


n Anzahl der Ecken

Mittelpunktswinkel $\alpha = \frac{360°}{n}$

$A = n \cdot \frac{a \cdot h_a}{2}$ oder $A = n \cdot \frac{r^2}{2} \cdot \sin\alpha$

$u = n \cdot a$

## Schrägbild und Netz von Körpern

**Schrägbild**

Anfertigung:
- Vorder- und Rückseite in Originalgröße
- nach hinten verlaufende Kanten um Verzerrungswinkel $\alpha$ (z. B. 45°) geneigt und um Verzerrungsfaktor k (z. B. $\frac{1}{2}$) gekürzt.
- verdeckte Kanten gestrichelt

Eigenschaften:
Im Original parallele Kanten sind auch im Schrägbild parallel.

**Dreiecksprisma**

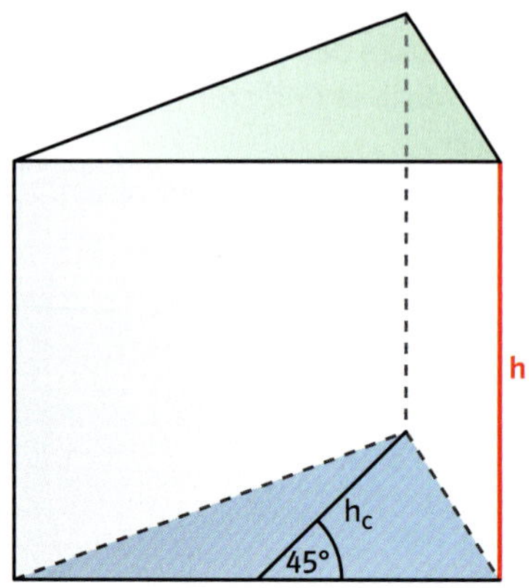


**Schrägbild von Körpern mit einem Kreis als Grundfläche**

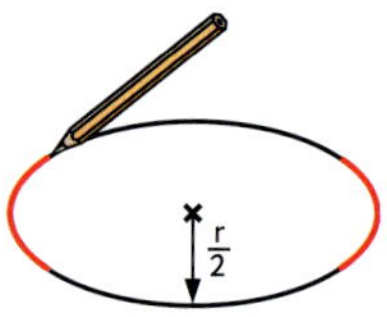


(1) Grundfläche

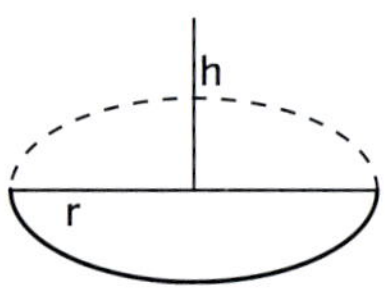


(2) Körperhöhe

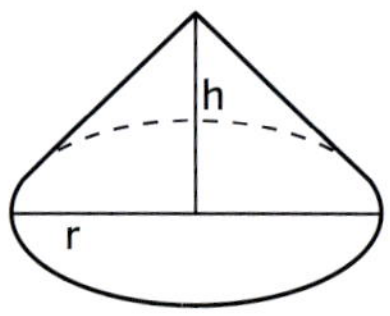


(3) Mantel

**Körpernetze**

Wird die Oberfläche eines geometrischen Körpers aufgeschnitten und in der Ebene ausgebreitet, erhält man das Netz des Körpers.

**Netz eines Oktaeders**

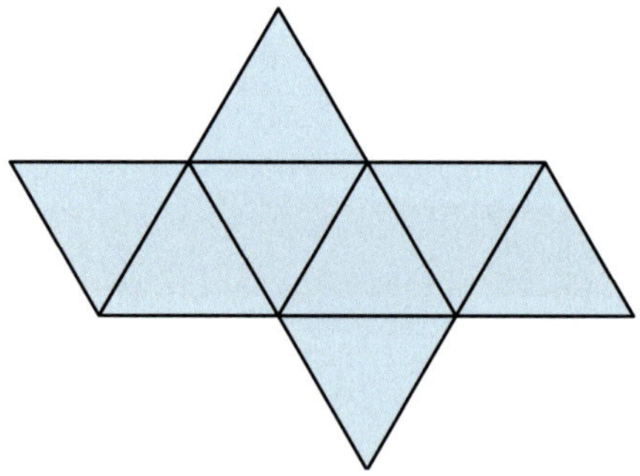

## Würfel, Quader und Prisma

**Volumen** bei diesen Körpern $V = G \cdot h$ (Grundfläche G; Höhe h; Mantelfläche M)

| Würfel | Quader |
|---|---|
| 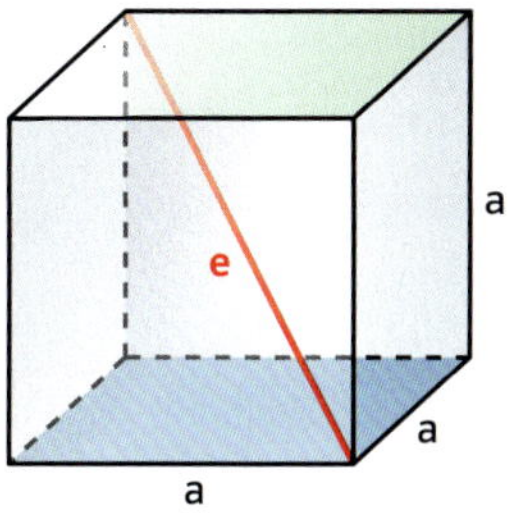 | 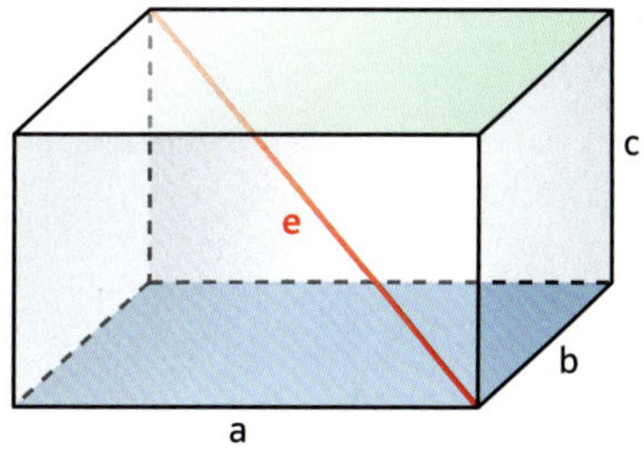 |
| **Volumen** | |
| $V = a^3$ | $V = a \cdot b \cdot c$ |
| **Oberflächeninhalt** | |
| $O = 6a^2$ | $O = 2(ab + ac + bc) = 2ab + 2ac + 2bc$ |
| **Länge der Raumdiagonale** | |
| $e = a\sqrt{3}$ | $e = \sqrt{a^2 + b^2 + c^2}$ |

| Prisma | Regelmäßiges Sechsecksprisma |
|---|---|
| 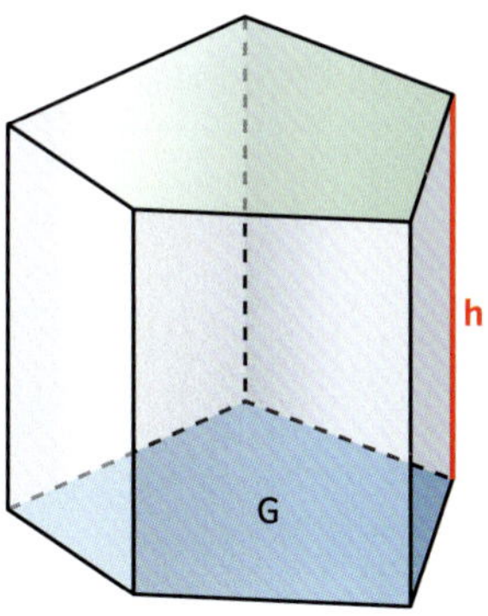 | 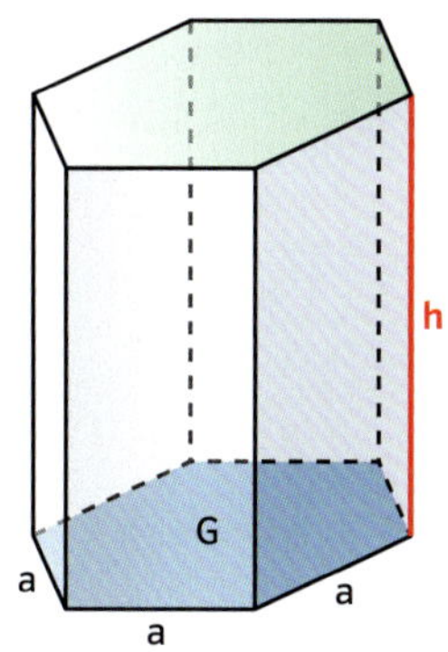 |
| **Volumen** | |
| $V = G \cdot h$ | $V = \frac{3}{2}a^2\sqrt{3} \cdot h$ |
| **Mantelflächeninhalt** | |
| $M = u \cdot h$ | $M = 6ah$ |
| **Oberflächeninhalt** | |
| $O = 2G + M$ | $O = 3a^2\sqrt{3} + 6ah$ |

## Pyramide

**Volumen** der Pyramide $V = \frac{1}{3} G \cdot h$ **Oberfläche** $O = G + M$ (Grundfläche G; Höhe h; Mantelfläche M)

| | Quadratische Pyramide | Regelmäßige Dreieckspyramide |
|---|---|---|
| | 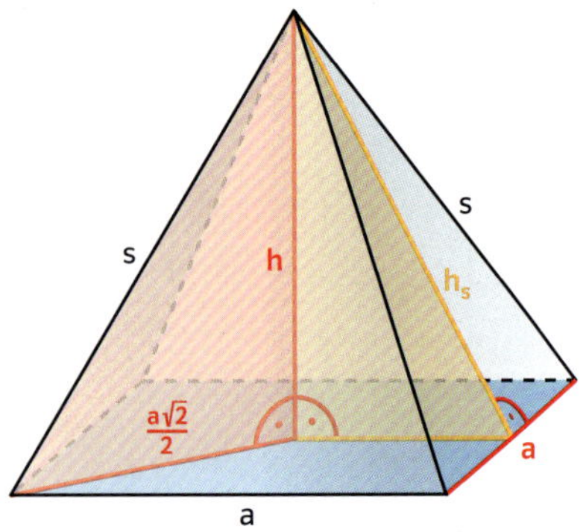 | 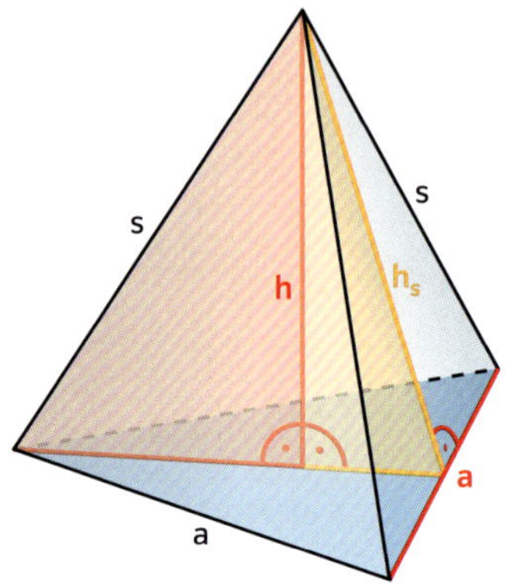 |
| **Volumen** | $V = \frac{1}{3} a^2 \cdot h$ | $V = \frac{a^2}{12} \sqrt{3} \cdot h$ |
| **Mantelflächeninhalt** | $M = 2a \cdot h_s$ | $M = \frac{3}{2} a h_s$ |
| **Oberflächeninhalt** | $O = a^2 + 2 a h_s$ | $O = \frac{a^2}{4} \sqrt{3} + \frac{3}{2} a h_s$ |





| | Regelmäßige Sechseckspyramide | Regelmäßige n-Ecks-Pyramide |
|---|---|---|
| | 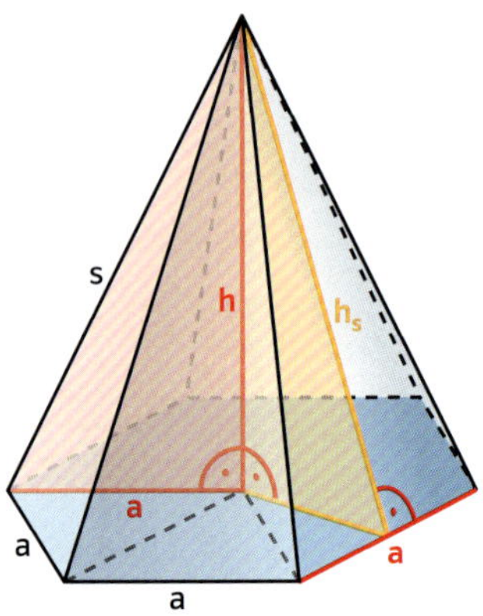 | 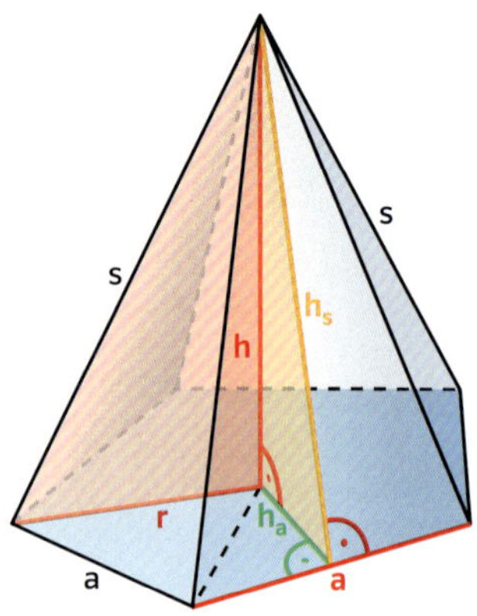 |
| **Volumen** | $V = \frac{a^2}{2} \sqrt{3} \cdot h$ | $V = \frac{1}{3} G \cdot h$ |
| **Mantelflächeninhalt** | $M = 3 a h_s$ | $M = n \cdot \frac{a h_s}{2}$ |
| **Oberflächeninhalt** | $O = \frac{3}{2} a^2 \sqrt{3} + 3 a h_s$ | $O = G + n \cdot \frac{a h_s}{2}$ |

## Zylinder, Kegel und Kugel

Grundfläche G; Höhe h; Mantelfläche M

| Zylinder | Kegel | Kugel |
|---|---|---|
| 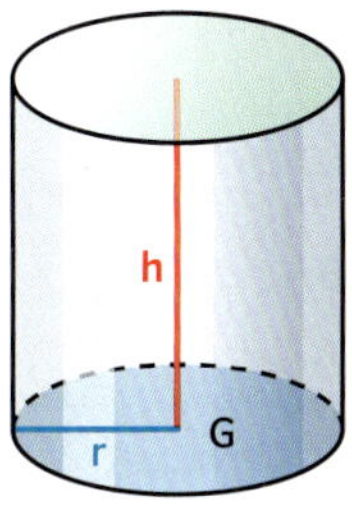 | 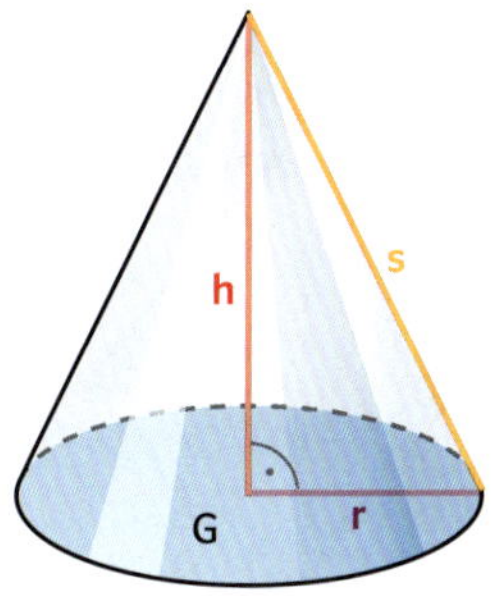 | 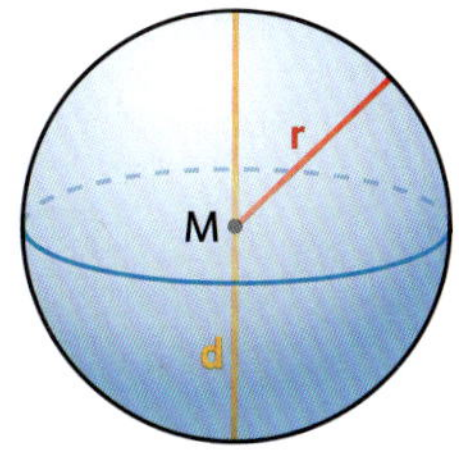 |
| **Netz eines Zylinders** | **Netz eines Kegels** | |
| 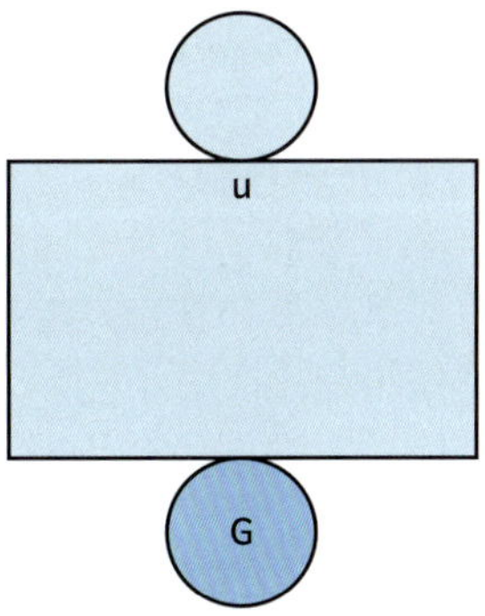 | 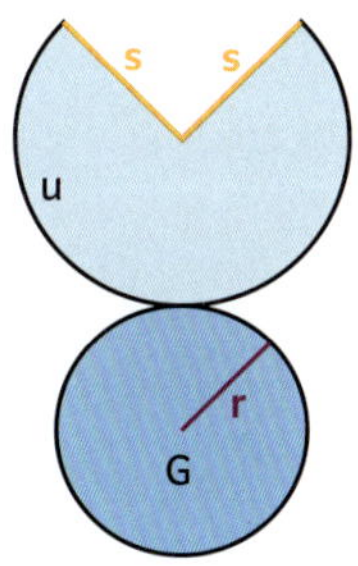 | |
| **Volumen** | | |
| $V = G \cdot h$<br>$V = \pi r^2 \cdot h$ | $V = \frac{1}{3} G \cdot h$<br>$V = \frac{1}{3} \pi r^2 \cdot h$ | $V = \frac{4}{3} \pi r^3$<br>$V = \frac{\pi d^3}{6}$ |
| **Mantelflächeninhalt** | | |
| $M = u \cdot h$<br>$M = 2\pi r \cdot h$ | $M = \pi \cdot r \cdot s$ | – |
| **Oberflächeninhalt** | | |
| $O = 2G + M$<br>$O = 2\pi r^2 + 2\pi r h$ | $O = G + M$<br>$O = \pi r^2 + \pi r s$ | $O = 4\pi r^2$<br>$O = \pi d^2$ |

## Regelmäßige Körper (Platonische Körper)

Bei regelmäßigen Körpern besteht die Oberfläche nur aus kongruenten Vielecken. Es gibt genau fünf regelmäßige Körper.

| **Tetraeder** | **Würfel** (Hexaeder) | **Oktaeder** | **Dodekaeder** | **Ikosaeder** |
|---|---|---|---|---|
| 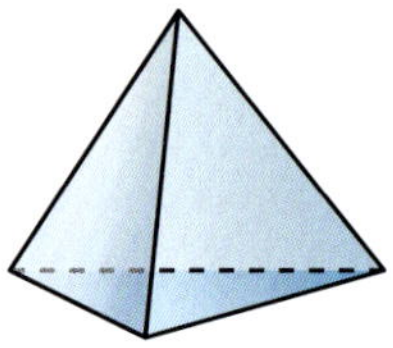 | 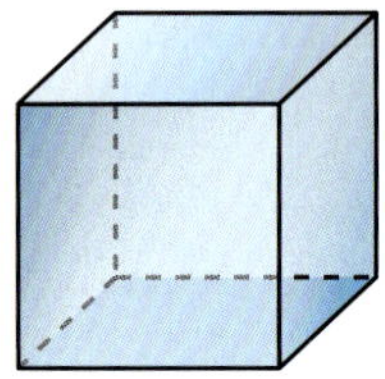 | 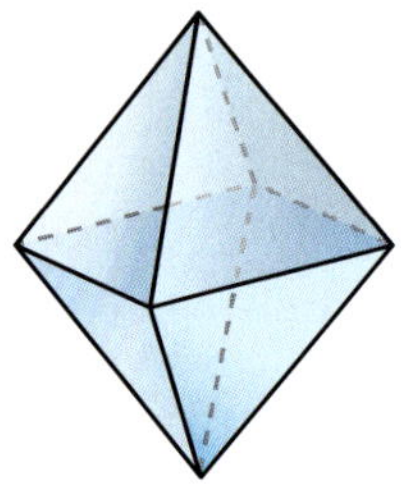 | 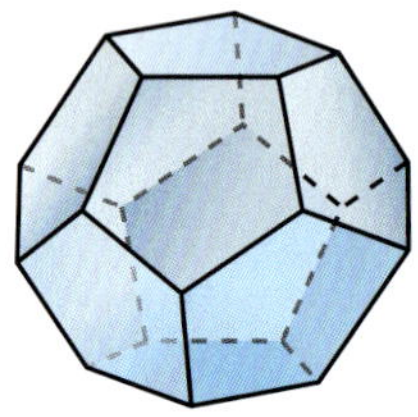 | 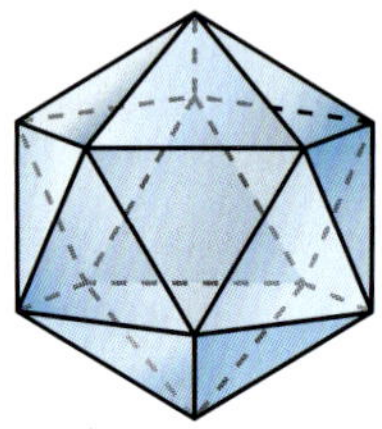 |
| **Seitenflächen** | | | | |
| 4 gleichseitige Dreiecke | 6 Quadrate | 8 gleichseitige Dreiecke | 12 regelmäßige Fünfecke | 20 gleichseitige Dreiecke |
| **Eckenzahl** | | | | |
| 4 | 8 | 6 | 20 | 12 |
| **Kantenzahl** | | | | |
| 6 | 12 | 12 | 30 | 30 |
| **Volumen** (Kantenlänge a) | | | | |
| $V = \frac{a^3}{12}\sqrt{2}$ | $V = a^3$ | $V = \frac{a^3}{3}\sqrt{2}$ | $V = \frac{a^3}{4}(15 + 7\sqrt{5})$ | $V = \frac{5a^3}{12}(3 + \sqrt{5})$ |
| **Oberflächeninhalt** | | | | |
| $O = a^2\sqrt{3}$ | $O = 6a^2$ | $O = 2a^2\sqrt{3}$ | $O = 3a^2\sqrt{5(5 + 2\sqrt{5})}$ | $O = 5a^2\sqrt{3}$ |

Es gilt: Anzahl der Seitenflächen + Anzahl der Ecken = Kantenzahl + 2

## Sinus, Kosinus und Tangens

Definition Seitenverhältnisse am rechtwinkligen Dreieck
($0° < \alpha < 90°$)

**Sinus**: $\sin\alpha = \frac{\text{Gegenkathete}}{\text{Hypotenuse}} = \frac{a}{c}$

**Kosinus**: $\cos\alpha = \frac{\text{Ankathete}}{\text{Hypotenuse}} = \frac{b}{c}$

**Tangens**: $\tan\alpha = \frac{\text{Gegenkathete}}{\text{Ankathete}} = \frac{a}{b}$

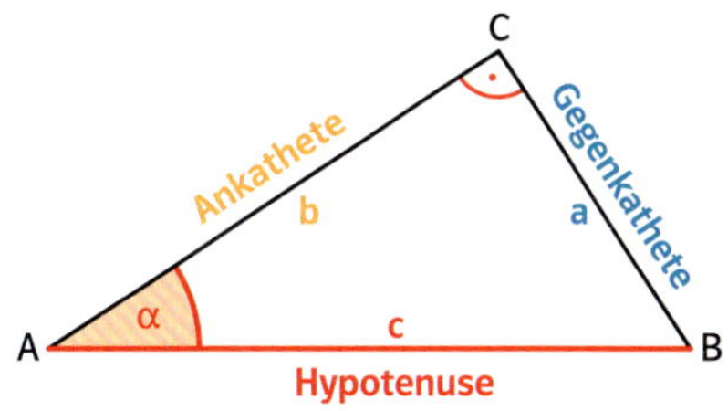


### Allgemeines Dreieck

**Flächeninhalt**

$A = \frac{1}{2} a b \cdot \sin\gamma$

$A = \frac{1}{2} a c \cdot \sin\beta$

$A = \frac{1}{2} b c \cdot \sin\alpha$

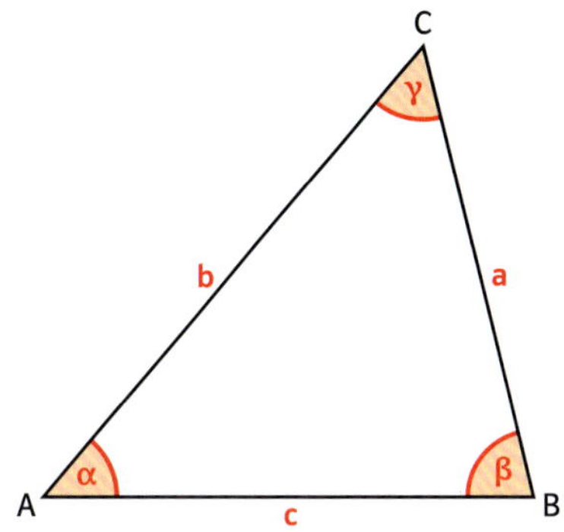


**Sinussatz**

$\frac{a}{b} = \frac{\sin\alpha}{\sin\beta}$ $\quad \frac{a}{c} = \frac{\sin\alpha}{\sin\gamma}$ $\quad \frac{b}{c} = \frac{\sin\beta}{\sin\gamma}$

**Kosinussatz**

$a^2 = b^2 + c^2 - 2bc \cdot \cos\alpha$

$b^2 = a^2 + c^2 - 2ac \cdot \cos\beta$

$c^2 = a^2 + b^2 - 2ab \cdot \cos\gamma$

### Einheitskreis

$\sin\alpha = y$

$\cos\alpha = x$

$\tan\alpha = \frac{y}{x} = \frac{\sin\alpha}{\cos\alpha}$

Es gilt: $\sin^2\alpha + \cos^2\alpha = 1.$

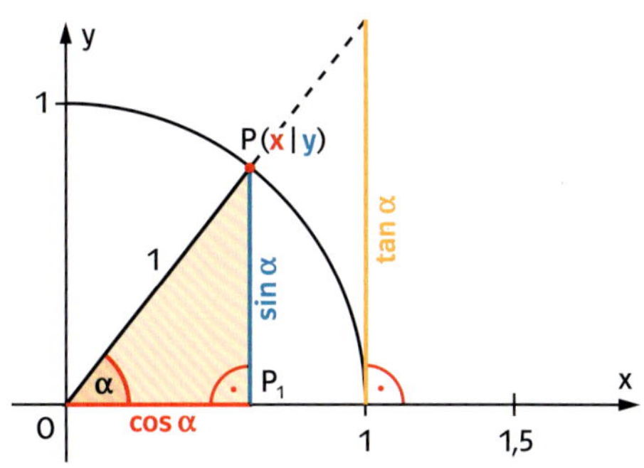


### Besondere Werte

| | 0° | 30° | 45° | 60° | 90° |
|---|---|---|---|---|---|
| $\sin\alpha$ | 0 | $\frac{1}{2}$ | $\frac{1}{2}\sqrt{2}$ | $\frac{1}{2}\sqrt{3}$ | 1 |
| $\cos\alpha$ | 1 | $\frac{1}{2}\sqrt{3}$ | $\frac{1}{2}\sqrt{2}$ | $\frac{1}{2}$ | 0 |
| $\tan\alpha$ | 0 | $\frac{1}{3}\sqrt{3}$ | 1 | $\sqrt{3}$ | – |

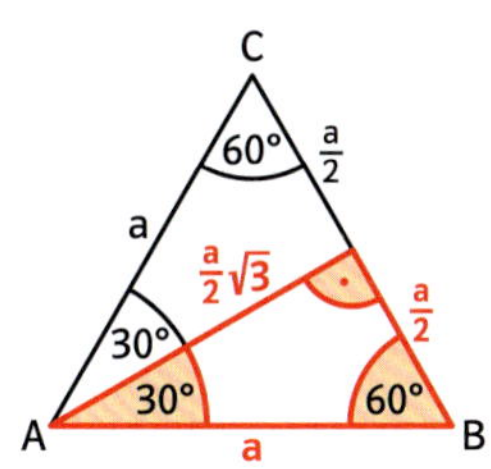


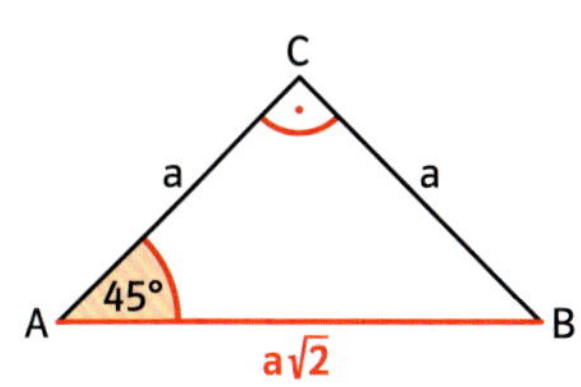

## Sinusfunktion, Kosinusfunktion

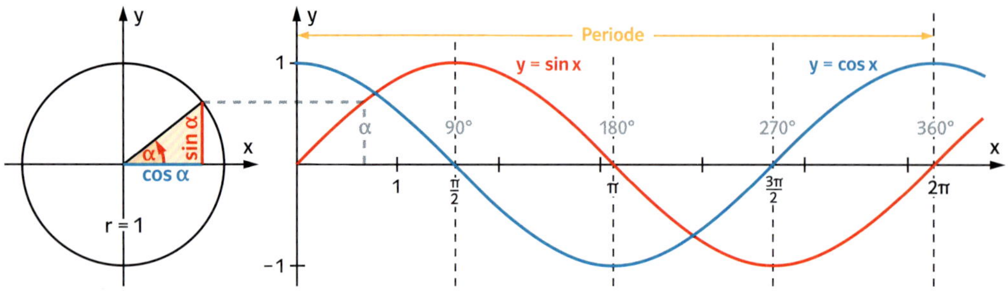


### Vorzeichen in den vier Quadranten

| | I | II | III | IV |
|---|---|---|---|---|
| sin α | + | + | − | − |
| cos α | + | − | − | + |
| tan α | + | − | + | − |

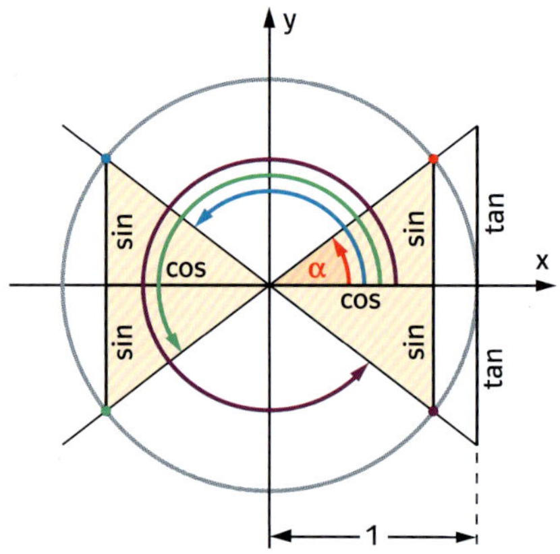


### Weitere Funktionswerte

| | 90° ± α | 180° ± α | 270° ± α | 360° ± α |
|---|---|---|---|---|
| sin | + cos α | ∓ sin α | − cos α | ± sin α |
| cos | ∓ sin α | − cos α | ± sin α | + cos α |

## Bogen- und Gradmaß

**Bogenmaß**
Das zum Winkel α gehörende Verhältnis $\frac{b}{r}$ heißt Bogenmaß des Winkels α.

Für das Bogenmaß verwendet man die Bezeichnung Radiant (rad).

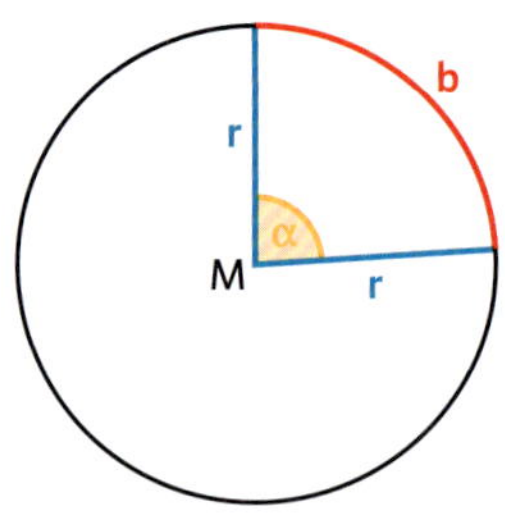


**Umrechnungen Grad-, Bogenmaß**
Bezeichnet man die Winkelgröße im Gradmaß mit α und im Bogenmaß mit x, so gilt:

$\frac{\alpha}{180°} = \frac{x}{\pi}$

$x = \frac{\alpha}{180°} \cdot \pi$ $\quad$ $1° \approx 0{,}01745\,\text{rad}$

$\alpha = \frac{x}{\pi} \cdot 180°$ $\quad$ $1\,\text{rad} \approx 57{,}30°$

| Gradmaß | 0° | 15° | 30° | 45° | 60° | 90° |
|---|---|---|---|---|---|---|
| Bogenmaß | 0 | $\frac{\pi}{12}$ | $\frac{\pi}{6}$ | $\frac{\pi}{4}$ | $\frac{\pi}{3}$ | $\frac{\pi}{2}$ |
| Gradmaß | 135° | 180° | 225° | 270° | 315° | 360° |
| Bogenmaß | $\frac{3}{4}\pi$ | $\pi$ | $\frac{5}{4}\pi$ | $\frac{3}{2}\pi$ | $\frac{7}{4}\pi$ | $2\pi$ |

## Winkelfunktionen

| | **Sinusfunktion** | **Kosinusfunktion** |
|---|---|---|
| Funktionsgleichung: | $y = \sin(x)$ | $y = \cos(x)$ |
| Definitionsmenge: | $\mathbb{R}$ | $\mathbb{R}$ |
| Wertemenge: | $[-1; 1]$ | $[-1; 1]$ |
| Nullstellen: | $x_k = k\pi, k \in \mathbb{Z}$ | $x_k = (2k+1)\frac{\pi}{2}, k \in \mathbb{Z}$ |
| Periode: | $2\pi$<br>$\sin(x + 2\pi) = \sin(x)$ | $2\pi$<br>$\cos(x + 2\pi) = \cos(x)$ |
| Symmetrie: | Punktsymmetrie zum Koordinatenursprung:<br>$\sin(-x) = -\sin(x)$ | Achsensymmetrie zur y-Achse:<br>$\cos(-x) = \cos(x)$ |

**Allgemeine Sinusfunktion**
$y = a\sin(bx + c) + d, a \neq 0, b \neq 0$

| | |
|---|---|
| Wertemenge: | $[-\lvert a\rvert; \lvert a\rvert]$ |
| Nullstellen: | $x_k = \frac{k\pi - c}{b}, k \in \mathbb{Z}$ |
| Periodenlänge: | $\frac{2\pi}{\lvert b\rvert}$ |
| Parameter a: | $y = a\sin(x)$<br>Graph von $y = \sin(x)$ wird in y-Richtung mit Faktor a gestreckt. |
| Parameter c: | $y = \sin(x + c)$<br>Graph von $y = \sin(x)$ wird in x-Richtung um $-c$ verschoben. |
| Parameter b: | $y = \sin(bx)$<br>Graph von $y = \sin(x)$ wird in x-Richtung mit Faktor $\frac{1}{b}$ gestreckt. |
| Parameter d: | $y = \sin(x) + d$<br>Graph von $y = \sin(x)$ wird in y-Richtung um d verschoben. |

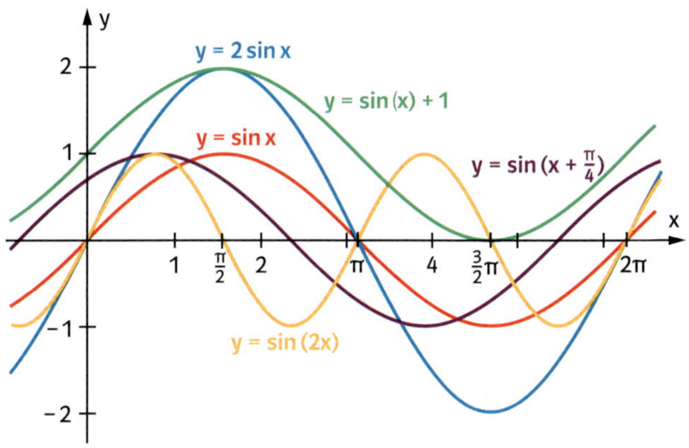

## Prozentrechnung

G **Grundwert**
W **Prozentwert**
p% **Prozentsatz**

Grundformel

$W = G \cdot p\%$ $\qquad$ $W = G \cdot \frac{p}{100}$

Mit dem Dreisatz:

| | Wert | entspricht |
|---|---|---|
| | G | 100 % |
| :100 | $G \cdot \frac{1}{100}$ | 1 % |
| ·p | $G \cdot \frac{p}{100}$ | p % |

$p\% = \frac{p}{100}$; $1\% = \frac{1}{100} = 0{,}01$

Der Prozentwert entspricht der **absoluten Häufigkeit**.
Der Prozentsatz entspricht der **relativen Häufigkeit**.

## Diagramme

**Streifendiagramm**

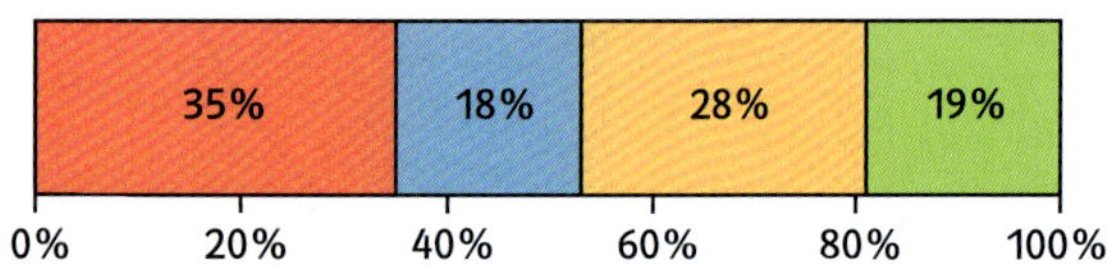


Der gesamte Streifen veranschaulicht 100 %.

Der Prozentsatz mal der Gesamtlänge des Streifens entspricht der Länge eines Teilstreifens.

**Kreisdiagramm**

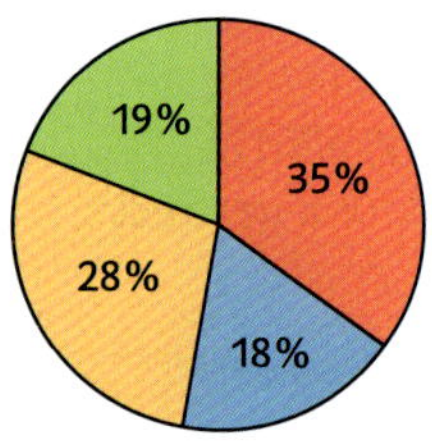


100 % entspricht 360 ° im Kreisdiagramm.

Der Prozentsatz mal 360 ° entspricht der Größe des Winkels im Kreisdiagramm.

## Promillerechnung

Promille: $1‰ = \frac{1}{1000} = 0{,}001$ $\qquad$ $p‰ = \frac{p}{1000}$

## Zinsrechnung

K **Kapital**
Z **Zinsen**
p% **Zinssatz**

Grundformel

$Z = K \cdot p\%$

$p\% = \frac{p}{100}$

für Zeiträume unter einem Jahr

$Z = K \cdot p\% \cdot \frac{m}{12}$ $\qquad$ $Z = K \cdot p\% \cdot \frac{t}{360}$

m Zeit in Monaten $\qquad$ t Zeit in Tagen

Im Bankwesen gilt: 1 Jahr hat 360 Tage; 1 Monat hat 30 Tage.

## Zinseszinsrechnung

Verzinsung über n Jahre mit gleichbleibendem Zinssatz p %

$K_0$ **Anfangskapital**
$K_n$ **Kapital nach n Jahren**
q **Zinsfaktor**
n **Anzahl der Jahre**

Zinseszinsformel

$K_n = K_0 \cdot q^n$

Mit $q = 1 + \frac{p}{100}$ gilt: $K_n = K_0 \cdot \left(1 + \frac{p}{100}\right)^n$

## Sparformen

**Zuwachssparen**
Verzinsung über n Jahre mit unterschiedlichen Zinssätzen $p_1$%; $p_2$%; …; $p_n$%

$K_0$ Anfangskapital
$K_n$ Kapital nach n Jahren
$q_n$ Zinsfaktor im n-ten Jahr
n Anzahl der Jahre

$K_n = K_0 \cdot q_1 \cdot q_2 \cdot \ldots \cdot q_n$

$q_n = 1 + \frac{p_n}{100}$

**Ratensparen**
Verzinsung über n Jahre mit jährlich gleichbleibenden Raten und gleichbleibendem Zinssatz p %

R Rate
$K_n$ Sparsumme nach n Jahren
q Zinsfaktor
n Anzahl der Jahre (Laufzeit)

$K_n = R \cdot (q^n + q^{n-1} + \ldots + q)$

$q = 1 + \frac{p}{100}$

## Wachstumsprozesse; Exponentielles Wachstum

$G_0$ **Anfangswert**
$G_n$ **Wert nach n Zeitabschnitten**
q **Wachstumsfaktor**
n **Anzahl der Zeitabschnitte**

Formel

$G_n = G_0 \cdot q^n$

Zunahme: $q = 1 + \frac{p}{100}$

Abnahme: $q = 1 - \frac{p}{100}$

## Exponentialfunktion

Funktionsgleichung: $y = a^x$
a gehört zu den positiven reellen Zahlen, $a \neq 1$
Definitionsmenge: $\mathbb{R}$
Wertemenge: $\mathbb{R}^+$
Graph: gemeinsamer Punkt der Graphen aller Exponentialfunktionen: S (0 | 1)
Nullstellen: keine
Spezialfälle: $y = 10^x$
$y = 2^x$

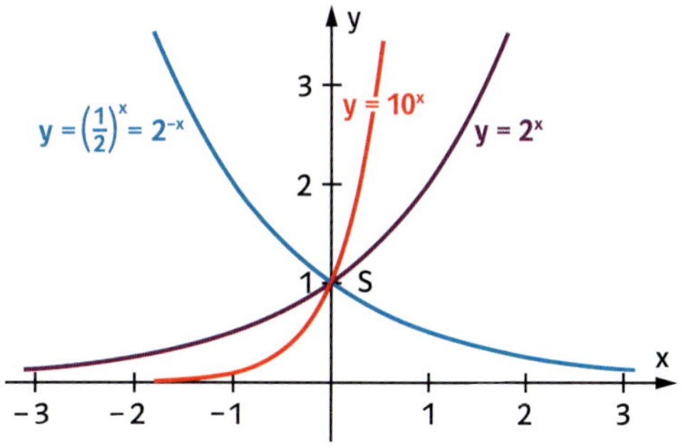

## Einheiten von Größen

**Länge** $1\,km = 1000\,m \longrightarrow 1\,m = 0{,}001\,km$
$1\,m = 10\,dm \longrightarrow 1\,dm = 0{,}1\,m$
$1\,dm = 10\,cm \longrightarrow 1\,cm = 0{,}1\,dm$
$1\,cm = 10\,mm \longrightarrow 1\,mm = 0{,}1\,cm$

**Fläche** $1\,km^2 = 100\,ha \longrightarrow 1\,ha = 0{,}01\,km^2$
$1\,ha = 100\,a \longrightarrow 1\,a = 0{,}01\,ha$
$1\,a = 100\,m^2 \longrightarrow 1\,m^2 = 0{,}01\,a$
$1\,m^2 = 100\,dm^2 \longrightarrow 1\,dm^2 = 0{,}01\,m^2$
$1\,dm^2 = 100\,cm^2 \longrightarrow 1\,cm^2 = 0{,}01\,dm^2$
$1\,cm^2 = 100\,mm^2 \longrightarrow 1\,mm^2 = 0{,}01\,cm^2$

**Flächen nach DIN** DIN $A_0$ hat $1\,m^2$; Breite DIN $A_n$ = Länge DIN $A_{n-1}$ für $n \geqq 1$
Fläche DIN $A_n = \frac{1}{2} \cdot$ (Fläche DIN $A_{n-1}$)
also DIN $A_4$ etwa $21{,}0\,cm \cdot 29{,}7\,cm$

**Rauminhalt oder Volumen**
$1\,km^3 = 1\,000\,000\,000\,m^3 \longrightarrow 1\,m^3 = 0{,}000\,000\,001\,km^3$
$1\,m^3 = 1000\,dm^3 \longrightarrow 1\,dm^3 = 0{,}001\,m^3$
$1\,dm^3 = 1000\,cm^3 \longrightarrow 1\,cm^3 = 0{,}001\,dm^3$
$1\,cm^3 = 1000\,mm^3 \longrightarrow 1\,mm^3 = 0{,}001\,cm^3$

**Besondere Raummaße**
1 Hektoliter = 100 Liter $\longrightarrow$ 1 Liter = 0,01 Hektoliter
1 Liter = $1\,dm^3$ = 100 Zentiliter $\longrightarrow$ 1 Zentiliter = 0,01 Liter
1 Zentiliter = 10 Milliliter = $10\,cm^3$ $\longrightarrow$ 1 Milliliter = 0,1 Zentiliter

**Masse** $1\,t = 1000\,kg \longrightarrow 1\,kg = 0{,}001\,t$
$1\,kg = 1000\,g \longrightarrow 1\,g = 0{,}001\,kg$
$1\,g = 1000\,mg \longrightarrow 1\,mg = 0{,}001\,g$

**Besondere Masseeinheiten** 1 Doppelzentner = 2 Zentner $\longrightarrow$ 1 Zentner = 0,5 Doppelzentner
1 Zentner = 50 kg $\longrightarrow$ 1 kg = 0,02 Zentner
1 Pfund = 0,5 kg $\longrightarrow$ 1 kg = 2 Pfund

**Zeit** 1 Jahr = 365 Tage
1 Tag = 24 h $\longrightarrow$ 1 h ≈ 0,0417 Tage
$1\,h = 60\,min \longrightarrow 1\,min \approx 0{,}0167\,h$
$1\,min = 60\,s \longrightarrow 1\,s \approx 0{,}0167\,min$

**Geschwindigkeit** $1\frac{m}{s} = 3{,}6\frac{km}{h} \longrightarrow 1\frac{km}{h} = \frac{5\,m}{18\,s} \approx 0{,}28\frac{m}{s}$

**Bruchteile und Vielfache von Einheiten**

| Vorsilbe | Exa (E) | Peta (P) | Tera (T) | Giga (G) | Mega (M) | Kilo (k) | Hekto (h) | Deka (da) |
|---|---|---|---|---|---|---|---|---|
| bedeutet | $10^{18}$ | $10^{15}$ | $10^{12}$ | $10^9$ | $10^6$ | $10^3$ | $10^2$ | $10^1$ |

| Vorsilbe | Dezi (d) | Zenti (c) | Milli (m) | Mikro (µ) | Nano (n) | Piko (p) | Femto (f) | Atto (a) |
|---|---|---|---|---|---|---|---|---|
| bedeutet | $10^{-1}$ | $10^{-2}$ | $10^{-3}$ | $10^{-6}$ | $10^{-9}$ | $10^{-12}$ | $10^{-15}$ | $10^{-18}$ |

## Grundbegriffe der Statistik

**Urliste**
Ungeordnete Zusammenstellung der beobachteten Ergebnisse

Ausgaben in einer Woche:
43 €; 25 €; 17 €; 32 €; 21 €; 45 €; 17 €; 28 €; 68 €; 16 €; 53 €

**Rangliste**
Nach Größe geordnete Urliste

Ausgaben in einer Woche:
16 €; 17 €; 17 €; 21 €; 25 €; 28 €; 32 €; 43 €; 45 €; 53 €; 68 €

**Strichliste**
Auflistung der möglichen Ergebnisse, Markierung des Auftretens eines Ergebnisses durch einen Strich

Münzwurf

| | |
|---|---|
| Zahl | ~~IIII~~ IIII |
| Wappen | ~~IIII~~ ~~IIII~~ I |

**Häufigkeitstabelle**
Die Häufigkeitstabelle zeigt an, wie oft jedes Ergebnis aufgetreten ist (**absolute Häufigkeit**) oder wie groß für jedes Ergebnis der Anteil der Versuche ist, bei denen dieses Ergebnis eintrat (**relative Häufigkeit**).

$$\textbf{relative Häufigkeit} = \frac{\text{absolute Häufigkeit eines Wertes}}{\text{Gesamtzahl aller Werte}}$$

| Ergebnis | absolute Häufigkeit | relative Häufigkeit |
|---|---|---|
| Zahl | 9 | $\frac{9}{20} = 45\,\%$ |
| Wappen | 11 | $\frac{11}{20} = 55\,\%$ |

## Kennwerte

Gegeben ist eine Liste mit n Werten $x_1; x_2; \dots x_n$

**Minimum (Min)**
kleinster Wert der Liste

**Maximum (Max)**
größter Wert der Liste

**Spannweite d**
Differenz zwischen dem größten und dem kleinsten Wert der Liste.
$d = x_{max} - x_{min}$

**Mittelwert $\overline{x}$ (arithmetisches Mittel)**
$\overline{x} = \frac{x_1 + x_2 + \dots + x_n}{n}$

**Zentralwert (Median)**
Bestimmung des Zentralwertes:
Anzahl n ungerade: z ist der mittlere Wert der Rangliste.
Anzahl n gerade: z kann als arithmetisches Mittel der beiden in der Mitte der Rangliste stehenden Werte bestimmt werden.

| | |
|---|---|
| **häufigster Wert m (Modalwert)** | Am häufigsten vorkommender Wert einer Liste. Es kann mehrere Modalwerte geben. |
| **Quartile** | Quartile teilen die Rangliste in vier Abschnitte auf. In jedem Abschnitt befinden sich mindestens 25 % aller Werte der Rangliste.<br><br>Bestimmung der Quartile:<br>Die Daten belegen in der Rangliste die Plätze 1 bis n. |
| **unteres Quartil $q_u$** | Multipliziere n mit $\frac{1}{4}$. |
| **Zentralwert z** | Multipliziere n mit $\frac{1}{2}$. |
| **oberes Quartil $q_o$** | Multipliziere n mit $\frac{3}{4}$.<br><br>Ist das Ergebnis nicht ganzzahlig, so nimmt man den Wert des nächsthöheren Rangplatzes. Ist das Ergebnis ganzzahlig, muss man den Mittelwert aus dem Wert dieses und des nächsthöheren Rangplatzes nehmen. |
| **Quartilabstand q** | Der Unterschied zwischen $q_o$ und $q_u$ heißt Quartilabstand. Er ist ein Maß für die Dichte der Daten. |
| **Varianz $s^2$** | Die Varianz $s^2$ ist ein Maß für die Streuung der Werte der Liste um ihr arithmetisches Mittel $\overline{x}$.<br>$s^2 = \frac{(x_1 - \overline{x})^2 + (x_2 - \overline{x})^2 + \ldots + (x_n - \overline{x})^2}{n}$ |
| **Standardabweichung s** | $s = \sqrt{s^2} = \sqrt{\frac{(x_1 - \overline{x})^2 + (x_2 - \overline{x})^2 + \ldots + (x_n - \overline{x})^2}{n}}$<br>Die Standardabweichung hat die gleiche Einheit wie die Ausgangsgröße und nicht das Quadrat der Ausgangsgröße wie bei der Varianz. |

## Boxplot

Der Boxplot ist ein Kennwertdiagramm, mit dem sich Aussagen über die Streuung (Verteilung) der Daten machen lassen. Minimum, Maximum, Zentralwert z sowie oberes und unteres Quartil $q_u$ und $q_o$ bestimmen die Größe und Lage des Boxplots.
Die Box markiert den Bereich, in dem mindestens 50 % der Werte der Liste liegen.

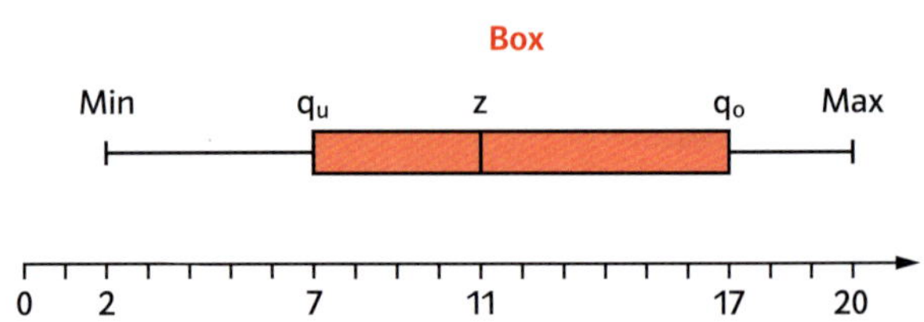

## Wahrscheinlichkeitsrechnung

**Zufallsversuch**
Bei einem Zufallsversuch tritt genau eines von mehreren **möglichen Ergebnissen** ein.
Welches Ergebnis eintritt, ist nicht vorhersagbar.

Wurf eines Würfels
mögliche Ergebnisse:
1; 2; 3; 4; 5; 6

**Ereignis**
Alle Ergebnisse eines Zufallsversuchs, die eine bestimmte Eigenschaft besitzen, bilden ein **Ereignis**.
Diese Ergebnisse heißen dann die für das Ereignis **günstigen** Ergebnisse.

Die drei Ergebnisse 2; 4; 6 (eine sog. Stichprobe vom Umfang 3) bilden das Ereignis „eine gerade Zahl würfeln".

**Spezielle Ereignisse**
Ein Ereignis, das bei keinem Versuch auftreten kann, heißt **unmögliches Ereignis.**

Würfeln einer Augenzahl größer als 6.

Ein Ereignis, das bei jedem Versuch auftritt, heißt **sicheres Ereignis.**

Eine der Augenzahlen von 1 bis 6 wird gewürfelt.

**Laplace-Versuche**
Zufallsversuche, bei denen alle Ergebnisse gleich wahrscheinlich sind, heißen Laplace-Versuche.

**Laplace – Wahrscheinlichkeiten**
Hat ein Laplace-Versuch n mögliche Ergebnisse, dann beträgt die Wahrscheinlichkeit für jedes Ergebnis $\frac{1}{n}$.
Für die Wahrscheinlichkeit P(E) eines Ereignisses E gilt:

$$P(E) = \frac{\text{Anzahl der für E günstigen Ergebnisse}}{\text{Anzahl der möglichen Ergebnisse}}$$

E: Die Augenzahl ist gerade.
$P(E) = \frac{3}{6} = \frac{1}{2} = 50\,\%$

**Gegenereignis**
Alle Ergebnisse, die für ein Ereignis E nicht günstig sind, bilden das **Gegenereignis** $\overline{E}$.
Für die Wahrscheinlichkeit gilt:
$P(\overline{E}) = 1 - P(E)$

Das Gegenereignis von „eine Sechs würfeln" ist „keine Sechs würfeln".
$P(\text{keine Sechs}) = 1 - P(\text{Sechs})$
$= 1 - \frac{1}{6} = \frac{5}{6}$

**Gesetz der großen Zahlen**
Ist ein Zufallsversuch kein Laplace-Versuch, so können die Wahrscheinlichkeiten der möglichen Ergebnisse in der Regel nur geschätzt werden. Dazu führt man den Versuch möglichst oft durch. Die relative Häufigkeit, mit der ein Ergebnis eintritt, wird als Schätzwert für die Wahrscheinlichkeit dieses Ergebnisses genommen. Der Schätzwert wird umso zuverlässiger, je mehr Versuche durchgeführt werden.

**Mehrstufige Zufallsversuche**
Werden mehrere nacheinander ablaufende Zufallsversuche zu einem einzigen Zufallsversuch zusammengefasst, so spricht man auch von einem **mehrstufigen Zufallsversuch**.

Der aufeinander folgende Wurf zweier durch ihre Körpernetze beschriebenen Würfel A und B ist ein zweistufiges Zufallsexperiment.

**Baumdiagramm**
Ein **Baumdiagramm** veranschaulicht die möglichen Ergebnisse eines mehrstufigen Zufallsversuchs und deren Wahrscheinlichkeit.
Jedem **Pfad** im Baumdiagramm entspricht genau ein Ergebnis. Ein Ereignis besteht aus einem oder mehreren Ergebnissen, die durch die entsprechenden Pfade dargestellt werden.

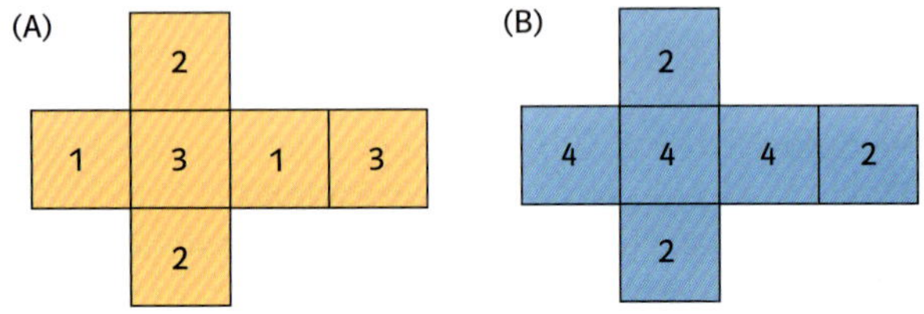


**Produktregel (Pfadregel)**
(Wahrscheinlichkeit eines Ergebnisses):
Die Wahrscheinlichkeit eines Ergebnisses in einem mehrstufigen Zufallsexperiment ist gleich dem Produkt der Wahrscheinlichkeiten entlang des zugehörigen Pfades im Baumdiagramm.

**Summenregel**
(Wahrscheinlichkeit eines Ereignisses):
Die Wahrscheinlichkeit eines Ereignisses in einem mehrstufigen Zufallsexperiment ist gleich der Summe der Wahrscheinlichkeiten aller zu diesem Ereignis gehörenden Pfade im Baumdiagramm.

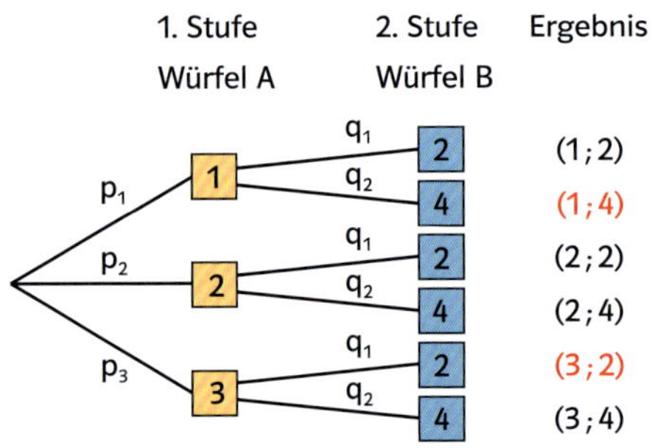


Ereignis: **Augensumme 5**
$P(E) = p_1 \cdot q_2 + p_3 \cdot q_1$

**Ziehen mit und ohne Zurücklegen**
Beim Ziehen von Kugeln aus einem Behälter kann die gezogene Kugel behalten oder wieder zurückgelegt werden, bevor eine weitere Kugel gezogen wird.
Die möglichen Ergebnisse der beiden Ziehungsarten können sich unterscheiden; gleiche Ergebnisse müssen nicht die gleiche Wahrscheinlichkeit haben.

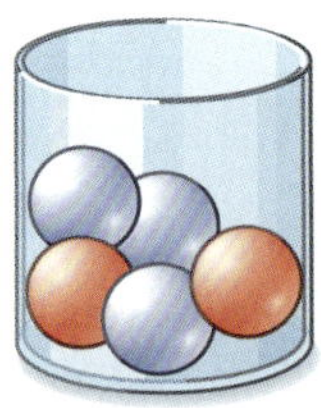

Die gezogene Kugel wird zurückgelegt:

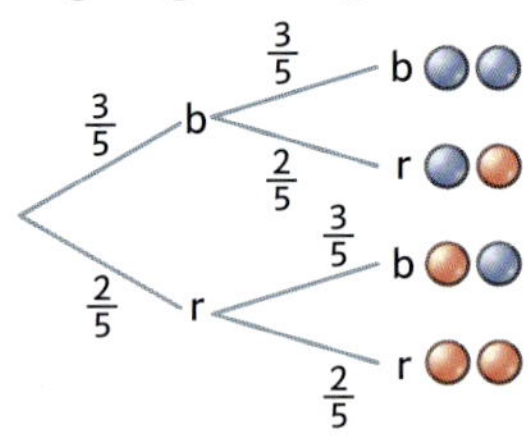


Die gezogene Kugel wird nicht zurückgelegt:

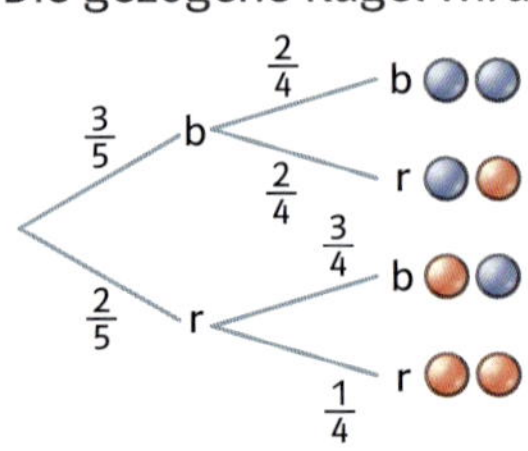


Beim **Ziehen ohne Beachtung der Reihenfolge** berechnet man die Wahrscheinlichkeiten der geordneten Ergebnisse und addiert anschließend die Wahrscheinlichkeiten der entsprechenden geordneten Paare.

P(„eine rote und eine blaue Kugel ziehen“)
= P(b,r) + P(r,b)

**Erwartungswert**
Werden den Ergebnissen eines Zufallsversuchs Zahlenwerte oder Größen zugeordnet und diese mit den zugehörigen Wahrscheinlichkeiten multipliziert, dann ist die Summe dieser Produkte der **Erwartungswert** der zugeordneten Zahlen oder Größen.

Aus dem Behälter wird eine Kugel gezogen, bei Rot erhält man 3 Euro, bei Blau sind 2 Euro zu zahlen.

Erwartungswert: $\frac{2}{5} \cdot 3\,€ + \frac{3}{5} \cdot (-2\,€) = 0\,€$

**Bedingte Wahrscheinlichkeit**
Ist das Eintreten eines Ereignisses B bereits bekannt, so bezeichnet man mit $P(A|B)$ oder auch $P_B(A)$ die „durch B bedingte" Wahrscheinlichkeit von A, d.h. die Wahrscheinlichkeit von A unter der Bedingung B.

Es ist $P_B(A) = \frac{P(A \text{ und } B)}{P(B)}$.

A: Die Augenzahl ist gerade.
B: Die Augenzahl ist durch 3 teilbar

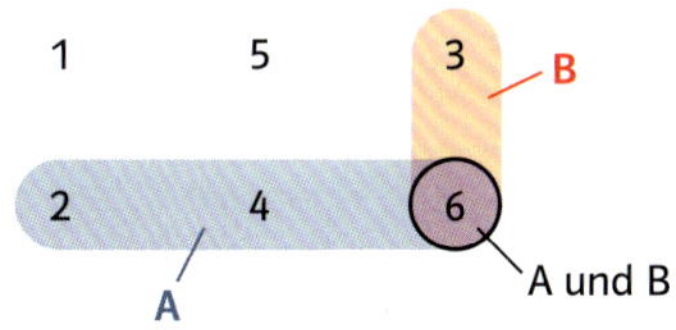


$P(A) = \frac{1}{2}$

$P(B) = \frac{1}{3}$

$P(A \text{ und } B) = \frac{1}{6}$

$P_B(A) = \frac{1}{2}$

**Vierfeldertafel**
eines Zufallsexperiments mit den Stufen A und B

| | B | $\overline{B}$ | Summe |
|---|---|---|---|
| A | P(A und B) | P(A und $\overline{B}$) | P(A) |
| $\overline{A}$ | P($\overline{A}$ und B) | P($\overline{A}$ und $\overline{B}$) | P($\overline{A}$) |
| Summe | P(B) | P($\overline{B}$) | 1 |

| | B | $\overline{B}$ | Summe |
|---|---|---|---|
| A | $\frac{1}{6}$ | $\frac{1}{3}$ | $\frac{1}{2}$ |
| $\overline{A}$ | $\frac{1}{6}$ | $\frac{1}{3}$ | $\frac{1}{2}$ |
| Summe | $\frac{1}{3}$ | $\frac{2}{3}$ | 1 |

## Physikalische Konstanten

| | | | |
|---|---|---|---|
| Lichtgeschwindigkeit | $c_0 = 2{,}997\,924\,58 \cdot 10^8 \frac{\text{m}}{\text{s}}$ | Normdruck | $p_\text{n} = 1013{,}25\,\text{hPa}$ |
| Gravitationskonstante | $G = 6{,}6742 \cdot 10^{-11} \frac{\text{m}^3}{\text{kg} \cdot \text{s}^2}$ | Normtemperatur (0 °C) | $T_\text{n} = 273{,}15\,\text{K}$ |
| Elementarladung | $e = 1{,}602\,176\,53 \cdot 10^{-19}\,\text{C}$ | Molvolumen idealer Gase | $V_\text{mn} = 22{,}41383 \frac{\text{dm}^3}{\text{mol}}$ |
| elektr. Feldkonstante | $\varepsilon_0 = 8{,}854\,188 \cdot 10^{-12} \frac{\text{C}}{\text{V} \cdot \text{m}}$ | Solarkonstante | $S = 1{,}368 \cdot 10^3 \frac{\text{W}}{\text{m}^2}$ |
| magn. Feldkonstante | $\mu_0 = 1{,}256\,64 \cdot 10^{-6} \frac{\text{V} \cdot \text{s}}{\text{A} \cdot \text{m}}$ | Planck'sches Wirkungsquantum | $h = 6{,}626\,0693 \cdot 10^{-34}\,\text{J\,s}$<br>$= 4{,}1357 \cdot 10^{-15}\,\text{eV} \cdot \text{s}$ |
| Faraday-Konstante | $F = 9{,}64853 \cdot 10^4 \frac{\text{C}}{\text{mol}}$ | Stefan-Boltzmann-Konstante | $\sigma = 5{,}6704 \cdot 10^{-8} \frac{\text{W}}{\text{m}^2 \cdot \text{K}^4}$ |
| absoluter Nullpunkt ($T = 0\,\text{K}$) | $\vartheta = -273{,}15\,°\text{C}$ | Ruhemasse des Elektrons | $m_\text{e} = 9{,}109\,3826 \cdot 10^{-31}\,\text{kg}$ |
| allgemeine Gaskonstante | $R = 8{,}314\,472 \frac{\text{J}}{\text{K} \cdot \text{mol}}$ | Ruhemasse des Protons | $m_\text{p} = 1{,}672\,6217 \cdot 10^{-27}\,\text{kg}$ |
| Boltzmann-Konstante | $k = 1{,}380\,651 \cdot 10^{-23} \frac{\text{J}}{\text{K}}$ | Ruhemasse des Neutrons | $m_\text{n} = 1{,}674\,9273 \cdot 10^{-27}\,\text{kg}$ |
| Avogadro-Konstante | $N_\text{A} = 6{,}022\,14 \cdot 10^{23} \frac{1}{\text{mol}}$ | atomare Masseneinheit | $1\,\text{u} = 1{,}660\,538\,73 \cdot 10^{-27}\,\text{kg}$ |
| Erdbeschleunigung | $g = 9{,}80655 \frac{\text{m}}{\text{s}^2}$ | | |

## Dichte $\varrho$

| | | | |
|---|---|---|---|
| feste Stoffe (in $\frac{\text{g}}{\text{cm}^3}$) | | | |
| Aluminium | 2,70 | Kork | 0,48 – 0,52 |
| Blei | 11,34 | Kupfer | 8,96 |
| Diamant | 3,51 | Magnesium | 1,73 |
| Eisen | 7,86 | Papier | 0,7 – 1,2 |
| Glas | 2,2 – 2,6 | Platin | 21,4 |
| Gold | 19,3 | Silber | 10,5 |
| Graphit | 2,26 | Stahl | 7,8 |
| Holz | 0,5 – 1,3 | Zink | 7,14 |
| Flüssigkeiten (in $\frac{\text{g}}{\text{cm}^3}$) | | | |
| Aceton | 0,79 | Petroleum | 0,8 |
| Benzin | 0,75 | Quecksilber | 13,58 |
| Dieselkraftstoff | 0,83 | Spiritus | 0,83 |
| Erdöl | 0,7 – 0,9 | Wasser | 1,0 |
| Gase bei 0 °C und 101,3 kPa (in $\frac{\text{g}}{\text{dm}^3}$) | | | |
| Ammoniak | 0,77 | Luft | 1,29 |
| Chlor | 3,214 | Propan | 2,01 |
| Erdgas | 0,73 – 0,83 | Sauerstoff | 1,429 |
| Helium | 0,179 | Stickstoff | 1,251 |
| Kohlendioxid | 1,977 | Wasserstoff | 0,0899 |